FIELD GUIDE TO

FANTASTIC CREATURES

终极探索

魔兽世界

（修订版）

[英] 吉尔斯·斯帕洛（Giles Sparrow） 著

王克文 译

人民邮电出版社

北京

图书在版编目（CIP）数据

终极探索 : 魔兽世界 : 修订版 / (英) 吉尔斯·斯帕洛 (Giles Sparrow) 著 ; 王克文译. -- 2版. -- 北京 : 人民邮电出版社, 2020.6
ISBN 978-7-115-47576-3

Ⅰ. ①终… Ⅱ. ①吉… ②王… Ⅲ. ①动物－青少年读物 Ⅳ. ①Q95-49

中国版本图书馆CIP数据核字(2020)第034041号

内 容 提 要

本书介绍了世界各地充满传奇色彩的神秘动物，它们有的在各种民间传闻中出现，有的你只在神话故事里听过，有的可能只存在于你天马行空的想象中。本书不仅介绍了每种动物的相关传说，还巧妙地进行版面设计，形象地介绍了其外形、大小、生活的年代及危险指数等详细档案。更为有趣的是，本书用设计巧妙的光学设备，带你一起偷偷地观察它们，了解它们的生存环境与习性。

本书是了解神秘动物的参考书，也是喜欢猎奇的人进行探险的重要辅助工具。让我们一起穿越从古至今无数人的想象，踏上终极奇幻之旅吧！

◆ 著　　[英]吉尔斯·斯帕洛（Giles Sparrow）
　译　　王克文
　责任编辑　刘　朋
　责任印制　陈　犇
◆ 人民邮电出版社出版发行　北京市丰台区成寿寺路 11 号
　邮编　100164　电子邮件　315@ptpress.com.cn
　网址　https://www.ptpress.com.cn
　天津市豪迈印务有限公司印刷
◆ 开本：889×1194　1/16
　印张：9　　2020 年 6 月第 2 版
　字数：240 千字　　2020 年 6 月天津第 1 次印刷
著作权合同登记号　图字：01-2013-4957 号

定价：68.00 元

读者服务热线：(010)81055410　印装质量热线：(010)81055316
反盗版热线：(010)81055315
广告经营许可证：京东工商广登字 20170147 号

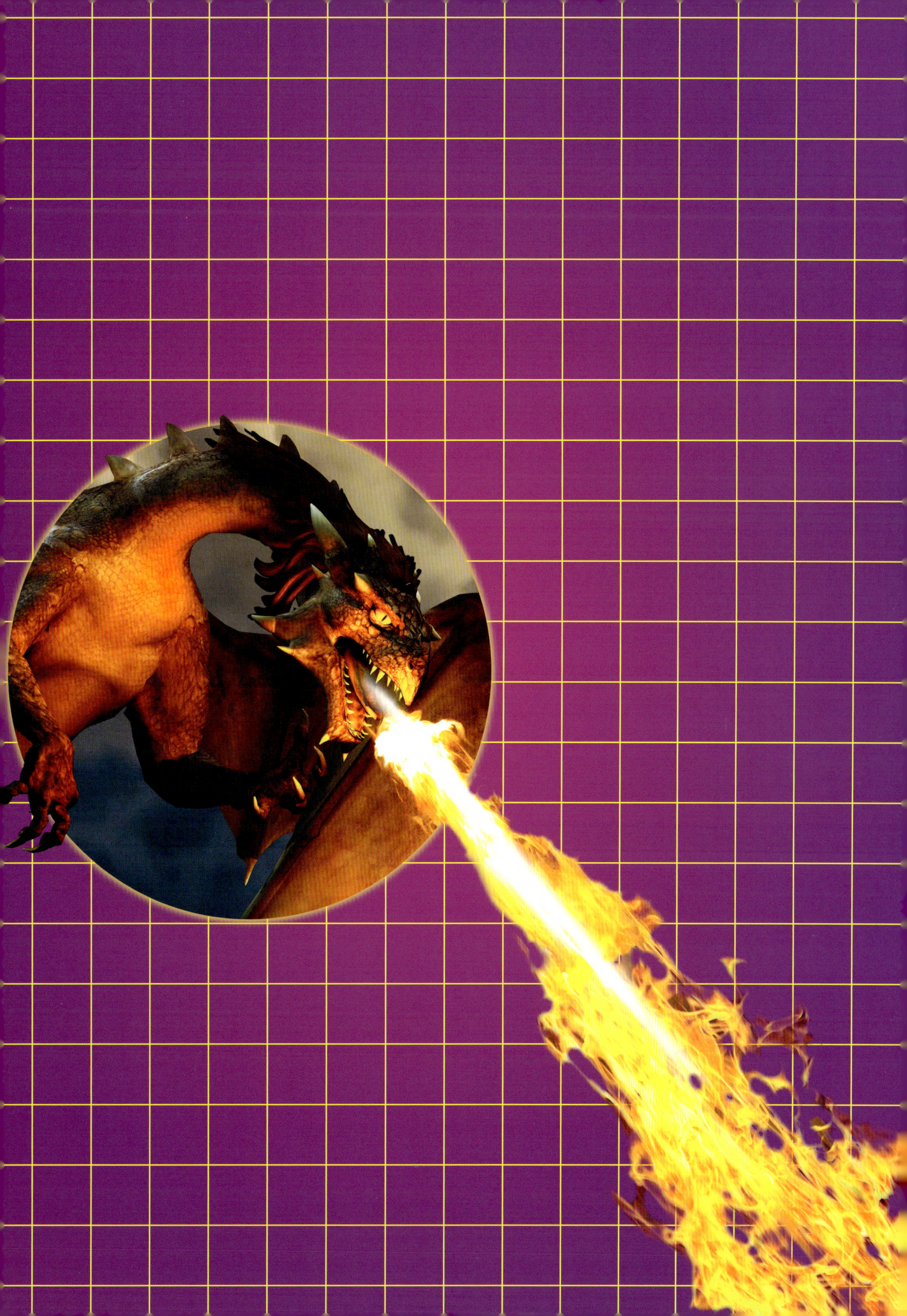

引　言

本书将带你踏上一段终极奇幻之旅，带你周游世界，穿越古往今来人们的无数想象。书中描述了许多奇异怪诞的动物，有些动物源自世界各地的传说或人们的梦境；有些神秘动物可能从未存在过；有些取材于童话故事，它们生活在与我们完全不同的世界中；或许最让人着迷的当属那些科学无法解释的动物，虽然它们出现在各种民间故事中，也有很多目击者讲述过他们惊心动魄的遭遇，但是官方从未正式公布发现过这些动物。本书是你了解这些奇异动物的参考书，也是你开启全球冒险之旅的必备工具。

如今，凡是探险者，都该配备最先进的技术设备。而本书就是利用先进科技，让你沉浸在奇异动物的世界中。设计巧妙的光学设备可以拉近你观察这些动物的距离而又不必干扰到它们（或让自己处于危险境地！）。在追寻这些稀有动物的旅程中，你会从一系列数字显示屏上获得更多附加信息。一般来说，你会经常用到三种设备：双筒望远镜、潜望镜和数据归档设备。

双筒望远镜

这种多功能设备可以让你在不干扰动物正常活动的情况下近距离观察它们。双筒望远镜可以装备在飞行器、潜水器或地面车辆上，以便迅速撤离；还可以将其用作遥控摄像机，由观察者隐蔽在安全地带的“掩体”中操控。本书采用了“平视显示器”的布局形式，在你观察动物时，与它们相关的一系列信息会显示在上面，并且不会挡住你的视线。

动态要事年表

这个动态时间轴显示不同历史时期发生的与某种动物相关的重要事件——目击事件、近距离接触和重要历史记载。

资料弹出框

辅助信息显示在屏幕主窗口的弹出框中。

潜望镜

这个小型观察装置专门用于观察那些凶猛的攻击性动物，不过你也可以用它观察较为温顺的动物，从而不会打扰到它们。它的工作原理类似潜艇潜望镜，可以让人安全地躲在车里或藏在隐蔽处，进行近距离观察。这个潜望镜也可以装上其他设备，如夜视仪和变焦镜头。为了保持画面的清晰，本书将大部分补充资料显示在了主视野之外。

危险等级评估

这一项显示潜在危险等级——即使表面看上去没有危害的动物也有它危险的一面。

生存环境与饮食习惯

该栏数据显示动物偏爱的生存环境和饮食习惯。

追踪方法

显示的数据资料提供有用的信息，可以帮助追踪和识别该动物。

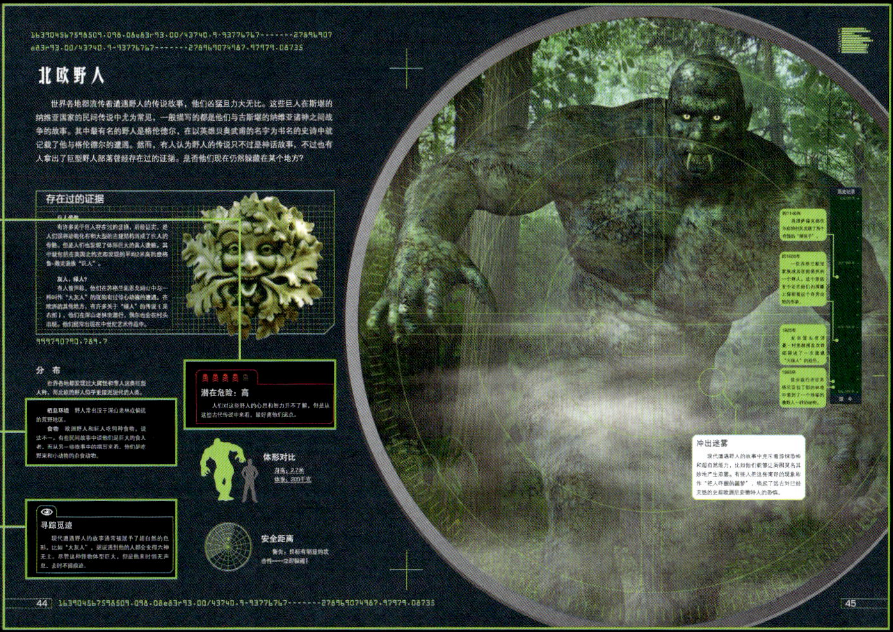

数据归档设备

有些动物神秘莫测，就连最先进的现代科技也难觅它们的踪影，而让人悲哀的是，另一些动物早已从地球上消失了。幸运的是，本书准备了综合数据档案，你从中可以获取这些动物的相关记录，这些资料包括艺术家们的作品、目击者的经历以及其他有用信息。

图像档案

这些弹出的图片显示相关动物有趣的历史画面和补充信息。

身材指标

此方框即时提供目标动物的大致尺寸，以及身高、体长、翼展和体重等重要数据。

传说与证据

该栏提供目标动物的辅助信息，诸如：实物证据、令人着迷的各种理论或某些动物背后纷纭的传说。

奇幻世界

古往今来，世界各地关于奇幻动物的故事不胜枚举。无论你旅行到何处，不经意就会听到关于当地怪兽的故事或未被科学所了解的动物的传说，但是要想了解这些故事背后的真相，真是难上加难。

看来，一些奇幻动物源自古代宗教中的神话或讲故事人的杜撰，这些人的名字虽已湮没无闻，但他们的创造却流传至今。而另一些奇异动物的问世可能源自人们的误会，不是错将普通动物当成了怪物，就是误读了其他民族的文化，代代相传，扭曲了这种动物的原始面目。

许多动物的来历都得不到合理的解释——有些故事中描述的就是真实存在的未知动物。发掘故事背后的真相是潜心研究神话和传说的专家们的工作，而发现这些动物的真实面目是探险家和动物学家的任务。针对这些动物进行科学探索与研究的学科被称为神秘动物学（“隐生动物学”）。

神秘动物学家是现实生活中的怪兽猎人，他们游历于世界上各个偏僻的地区，期望揭示当地传说背后的真相，或许最终能够发现新的动物种类。

今时今日，似乎不太可能有尚未被科学发现的大型动物，但是事实远非如此。

每年科学家仍然会发现数千个新物种，不过绝大多数都是小昆虫，偶尔会发现新的大型物种。最近的一次是在1992年，动物学家在越南发现了一只名为“中南大羚（也称亚洲独角兽）”的大型林栖牛——谁知道还有什么尚未被发现的动物呢？是时候该将它们一一发现了！

3r93.00/43740.9-93776767-------27896907

美洲

从印第安人和中美洲人传说中的野兽，到异现象灵和尚未被科学了解的所谓有形动物，南北美洲有众多奇幻动物的传说。

中东

在人类想象出的怪物中，有一些最古老的那些就诞生在中东这片土地上，自从有人类文明以来，它们就与人类同在了。

海洋和空中的怪物

一些硕大无比的怪物不受地理空间的局限，在海洋中游弋，在高空中翱翔，它们是海中巨怪，是空中灵兽。

非洲

尽管非洲大陆上奇幻动物的记载不如其他地方那么完备，但因为涉及的似乎都是令人着迷的史前动物，因此同样引起了人们的兴趣。

地中海

地中海沿岸的沃土孕育了伟大的古代文明，那些传说中的动物至今依然让我们浮想联翩。

亚洲和其他地区

从传说故事中的动物到现存的史前动物，亚洲大陆、大洋洲以及两大洲之间的岛屿上生存着众多种类的动物。

北欧

在远离地中海的欧洲各国也一直流传着关于怪兽的各种传说，有童话故事中的怪物，有神仙，还有难觅踪迹的动物。

目　录

中东

自有历史记载以来，人们就开始写怪兽和神奇动物的故事了——可能早在文字发明以前，人类就经常围坐在篝火边讲述着这类故事。我们所了解的这些奇幻动物，最古老的起源于美索不达米亚，也就是现今伊拉克境内底格里斯河与幼发拉底河之间的那片土地。5000多年以前，人类在这里形成了最早的文明。这些生活在中东的怪兽最早出现在《天方夜谭》等书籍中，虽然随着时间的流逝，它们的外形可能发生了改变，但是依旧以龙、巨鸟、海怪和神怪等形象流传至今。

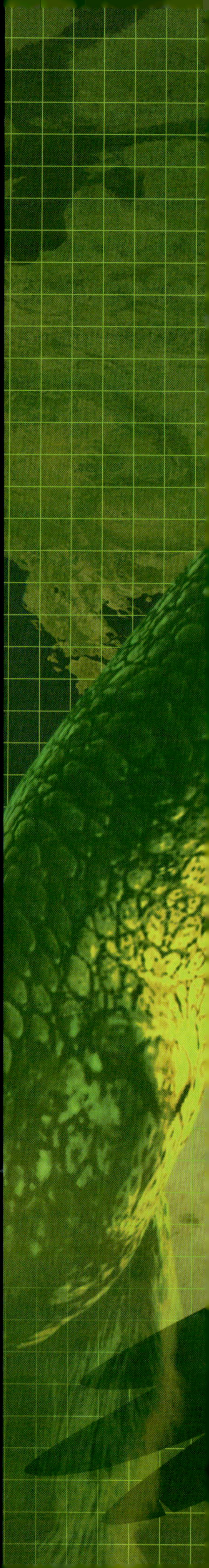

分 布

人们都是从古巴比伦和美索不达米亚的神话中了解到怒蛇的，但是这种动物可能起源于非洲。

怒 蛇

2500年前，巴比伦国王尼布甲尼撒二世在位于现今伊拉克的地方建造了一座巨大的标志性建筑，作为这座城市的象征。他用圣牛、狮子和古怪的龙的形象装饰这座高耸的伊师塔门，而这条龙长着狮子的前肢、鹰腿一样的后肢和蛇的身体。这种动物叫“怒蛇”。自从20世纪初首次对巴比伦遗址进行发掘以来，这种动物就一直让考古学家和神秘动物学家迷惑不解。因为当时的艺术工匠将这只神兽与真实存在的动物并排摆放，而不与神话中的动物一起陈列，由此推断，这也许是一种真实存在过的龙——是不是它现在依然存在呢?

存在过的证据

考德威对古巴比伦的研究

德国考古学家罗伯特·考德威于20世纪初对古巴比伦遗址进行了挖掘，他是第一个认为怒蛇是真实存在过的考古学家。他的一个有力证据是，与其他神怪动物不同，人们对怒蛇的描述几乎从未改变过。

彼勒与大龙

据圣经故事《彼勒与大龙》的记载，尼布甲尼撒打算把犹太先知但以理献祭给关在巴比伦一座神殿中的龙，可是但以理用一块有毒的大麦饼毒死了这只怪兽。是不是曾经真的有一种活着的怒蛇呢?

寻踪觅迹

怒蛇因其长着狮子般的前腿、绚丽的冠和角而闻名。如果巴比伦人对它的描述是准确的，那么怒蛇的前肢和后肢肯定截然不同，它行走时必然会留下独特的踪迹!

安全距离

目标安静但行为古怪——可以观察但不要挑逗。

栖息环境 对怒蛇的描述全是囚禁状态下的，
旦如果它真的是一种蜥脚类恐龙，它很可能生活在
ㄙ林中。

食物 如果但以理真的用大麦饼毒死了尼布甲
尼撒国王的这条龙，那么怒蛇就可能是一种素食而
非食肉动物。

只活恐龙？

神秘动物学家威利·雷认为，
它的形象十分接近蜥脚类恐龙。
否有可能古巴比伦人在非洲捕捉
了一只像魔克拉–姆边贝（见第
页）一样的动物，并将它带回他
的城市呢？

或者是一具恐龙化石？

还有一种理论认为，尼布甲尼撒的龙是人们利用化石复原恐龙的早期尝试。如果复原过程是将几种不同动物的身体部位拼凑在了一起，或许就可以解释为什么怒蛇看起来是几种动物的综合体了。

历史记录

约公元前575年 尼布甲尼撒国王在巴比伦建造了伊师塔门。

约公元前125年 根据早期的传说，写成了《彼勒与大龙》的故事。

1902年 罗伯特·考德威再次发现了伊师塔门。

公元前1000年 — 公元前500年 — 0 — 公元500年 — 公元1000年 — 公元1500年 — 公元2000年 — 现今

潜在危险：低

虽然尼布甲尼撒为他的怪兽提供祭品，但是证据显示怒蛇是一种毫无攻击性的素食动物，不幸的是，但以理的投毒让它命丧黄泉。尽管如此，也不能小看了怒蛇的爪和防卫用的角。

体形对比

身高：3米
体长：5米
体重：1200千克

贝希摩斯与利维坦

《圣经》中零散地记载着3种传说中身形庞大、力大无比的怪兽。它们是食草巨兽贝希摩斯、可怕的蛇形海怪利维坦，以及一种罕为人知的叫作“栖枝”的巨鸟，它的翅膀展开可以遮住太阳。

有关这些怪物的描述主要来自《旧约·约伯记》，其中用了两章的篇幅描述贝希摩斯与利维坦。巨兽贝希摩斯是一种巨大的食草动物，长着健硕的肌肉和一条巨型尾巴，它可以“不慌不忙地吸干一整条河流”，并“常盘踞于芦苇丛和沼泽地”。而利维坦是一条“蜷曲的巨蛇”，鱼叉无法刺穿它的鳞片。

栖枝是《米德拉什》（犹太教解释和讲解《圣经·旧约》的布道书）中描述的一种动物，它并未出现在正式版本的《圣经》中。栖枝除了翼展巨大之外，据说它产下的蛋大如山，它还是其他鸟类的保护者。有些故事中记载，在天地初开之际，上帝成双成对地创造了这些巨型动物，但后来意识到，如果任其自由繁衍，怪兽就会毁灭这个世界，于是就每对杀死一只，因此每对中只有一只活了下来。

几个世纪以来，人们一直对《圣经》中这些巨兽的真实身份迷惑不解。一些人认为，它们完全是虚构的神话怪兽，代表了地、水和空气三种元素。甚至有可能“借用”了其他宗教中的动物，因为早期美索不达米亚文明中有一组类似的巨兽，分别是哈达尤斯、卡尔和斯摩夫。

另一种观点认为，这些巨兽是对真实动物的夸张或错误描述。圣经学者一直认为河马与贝希摩斯的描述很吻合，而利维坦可能就是鲸或巨型乌贼。同样，栖枝与鸵鸟和马达加斯加已经灭绝的象鸟（两者都产巨型的蛋）外形相似。但是这种比对存在着诸多问题：无法解释贝希摩斯的尾部和利维坦身上的鳞片，也无法解释为什么栖枝明显能飞，而鸵鸟和象鸟根本就不会飞，一生都在地上行走。

不过是否还有另一种可能，即《圣经》所描述的也许是尚未被科学界所了解的真实动物？有人说贝希摩斯的样子非常像蜥脚类恐龙——甚至可能就是非洲丛林中的魔克拉-姆边贝（见第118页）。

利维坦则是典型的大海蛇形象（见第100页），而栖枝会让人联想到食肉巨鸟，甚至是北美印第安神话中的雷鸟（见第90页）。

分布

这些巨兽位于何处并不为人所知，这也成为围绕它们的众多谜团之一。

98509·098·08e83r93·00/43740·9-93776767-------278969074987·97979·08735_2799

传说

现代启示录

根据希伯来的一些传说，上帝创造出贝希摩斯与利维坦后，将它们分别埋在了世界的两端。当审判日降临时，贝希摩斯与利维坦将从蛰伏中苏醒，彼此战斗，将世界带向末日，最后上帝亲自干预并杀死这两只怪兽和栖枝。两只巨型怪兽之间的末日大战让从古至今的许多艺术家和作家产生了无限的遐想，英国画家威廉·布莱克的名画（见下图）就是以此为灵感创作而成的。

历史记录

公元前 1000 年

约公元前500年 《约伯记》描述了利维坦与贝希摩斯。

公元前 500 年

约公元前200年 《以诺书》解释了这些巨兽的起源。

0

公元 500 年

公元 1000 年

约1100年 希伯来学者拉什详细描述了犹太人关于利维坦、贝希摩斯和栖枝的传说。

公元 1500 年

公元 2000 年

现 今

最初的蛇？

这幅亚瑟·拉克姆的插画将利维坦描绘成了典型的海蛇——长着毒牙和鳄鱼下巴的典型爬行动物。

体形对比

体长：9米

体重：8000千克

(*根据对利维坦的描述估算)

分 布

在中东沙漠地区可以找到很多神怪传说。

神 怪

中东地区很多民族都相信影界的存在，那里是沙漠和荒野中无形生命所在的世界。在传说中，这些神怪是由纯净之火创造的自然之灵，它们或善或恶。神怪有自己的社会，通常放纵欲望而且纷争不断，只是隐约地知道人类的存在。然而，魔法可以实现人类和神怪世界之间的沟通。邪恶的神怪可以附于人体之上，还能呼风唤雨和变化形态，以达成它们那些不可告人的目的。

传 说

起源于波斯

神怪似乎最早起源于古代波斯，被认为是一群可以传播疾病的女妖，人们称之为杰尼。后来人们认为神怪有男有女，而且并不完全邪恶。

阿拉丁和神灯

毫无疑问，最著名的神怪是《天方夜谭》里面讲到的阿拉丁的神灯精灵。这个年轻的小混混擦拭神灯时，法力高强的神灯精灵就会出现，为他变出财宝和美丽的宫殿。但是当神灯落入邪恶巫师的手中时，阿拉丁只能向另一个法力差一些的精灵求助才最终转危为安。

寻踪觅迹

神怪是一种虚无缥缈的存在，人类始终无法看到它们，但是神怪却能以沙暴、动物以及人的形态展现，尽管它们的人形不那么好看。

潜在危险：中

虽然神怪不能直接对人造成伤害，但是它们有能力附于人体，而且也可以通过伪装让人去伤害它们自己的同类。然而，神怪与人类一样有着各种各样的性格——有些很愿意帮助人类，但是大多数对人类漠不关心。

安全距离

警告：目标突然出现——保持警惕！

栖息环境　尽管有些神怪喜欢住在靠近人类的地方，但是大多数的神怪喜欢荒凉的地方，比如远离人烟的沙漠和荒原。

食物　尽管神怪没有真正的身体，但是他们依旧需要食物维持生命。他们偷取人类的食物，吃些残羹剩饭，甚至以坟场的尸骨为食。

历史记录

约公元300年
位于叙利亚帕米拉附近的遗址中保存着颂扬神灵仁慈善良的碑刻。

约公元810年
第1版《一千零一夜》（《天方夜谭》）收录了各种神怪的故事。

1704—1717年
法国人安托万·加兰翻译了《天方夜谭》，欧洲人开始了解阿拉伯世界的神灵。

0 — 公元前500年 — 公元1000年 — 公元1500年 — 公元2000年 — 现今

沙魔

自古埃及时起，人们就把沙魔和大沙暴与神怪和相关的精怪联系到了一起。在沙漠中躲避突如其来的危险沙魔和沙暴的旅行者经常说，他们可以听到神怪驱逐他们时发出的号叫声。

体形对比

身高：6米

体重：无实体

分　布

在中国和伊拉克等国度，流传着各种关于大
的传说。但是据马可·波罗所述，这种鸟的故乡位
于非洲的马达加斯加岛。

大　鹏

这种巨型猛禽出现在了水手辛巴德的传说故事和意大利旅行家马可·波罗的真实记录中，由此而闻名于世。大鹏巨大无比，据说它能抓起大象并把它掷向地面摔死。但是这种长着巨大翅膀的猛禽真的存在过吗？如果未曾存在过，那么关于它们的传说又从何而来呢？也许它们就是现存的巨鹰，或者是非洲、新西兰及其他地方的巨型鸟类。

存在过的证据

旅行家的叙述

马可·波罗通过他广为流传的游记让欧洲人认识了大鹏。根据马可·波罗的叙述，中国人认为这种巨型鸟类生活在马达加斯加岛。在而后的一些传说故事如《天方夜谭》中水手们的故事，让大鹏在西方读者的遐想中占据了一席之地。

真实的大鹏

近年来，有观点认为大鹏是人们幻想出来的动物，但是新发现的巨鹰却动摇了这种观点，因为在16世纪之前，马达加斯加岛上确实存在过一种翼展3米的巨鹰。它们以其他现已灭绝的巨型动物为食，如不会飞的象鸟和巨型狐猴。大约在同一时期，新西兰生活着一种体形大小相似的恐鸟。

不停飞翔

尽管大鹏体形巨大，但是它几乎一生都在空中飞行。然而，在中国的传说中，这种善于飞翔的猛禽刚生下来时是一种像鱼一样的水中怪物，只有到了成年以后才会展翅高飞。

安全距离

目标在空气中高速运动——有必要立即躲避！

栖息环境　在阿拉伯的传说中，大鹏在亚洲和印度洋之上的高空气流中翱翔，只落于巢穴之上，传说它的巢穴位于世界中心的夸夫山上。

食物　人们推测大鹏以大象和其他大型动物为食，大鹏觅食时一般先抓起猎物，然后将它们摔死。

潜在危险：中

在《天方夜谭》辛巴德与大鹏的故事中，人类很渺小，大鹏根本不把人放在眼里。然而，据说大鹏会用巨石砸坏船只，也许它们误将船当成了鲸之类的丰盛食物。

历史记录

公元1000年

公元1100年

公元1200年

1298年　马可·波罗在他的中国游记中描写了传说中的大鹏。

公元1300年

14世纪　现存最早的《一千零一夜》（《天方夜谭》）故事集中有水手辛巴德和大鹏的故事。

公元1400年

公元1500年

1400—1500年　新西兰和马达加斯加岛上的巨鹰灭绝。

现今

寻踪觅迹

大鹏来去悄无声息，而只有掠过时投下的巨大身影才会让人意识到它的悄然来袭。大鹏蛋稀有珍贵，体积巨大，只有身体庞大的鸟才能下如此大的蛋。

体形对比

身高：6米

翼展：30米

体重：1000千克

163904567598509.098.08e83r93.00/43740.9-93776767-------27896907
e83r93.00/43740.9-93776767-------278969074987.97979.08735

地中海

　　在过去的2000多年里，埃及、希腊和罗马的古老文明都出现在地中海周围，相互影响，彼此交融。每个国家都有自己关于怪物、神灵和神兽的丰富传说，比如凶猛怪物喀迈拉和斯芬克斯，神秘的动物凤凰和飞马珀伽索斯，还有跟人差不多的半人半马的怪物和半人半羊的萨堤耳斯。很多世纪以来，人们口口相传英雄和他们遭遇的各种怪兽的传奇故事，如今依旧会唤起人们的无限遐想——如果你知道地中海怪兽出没的地方，到那里你依然可以发现它们。

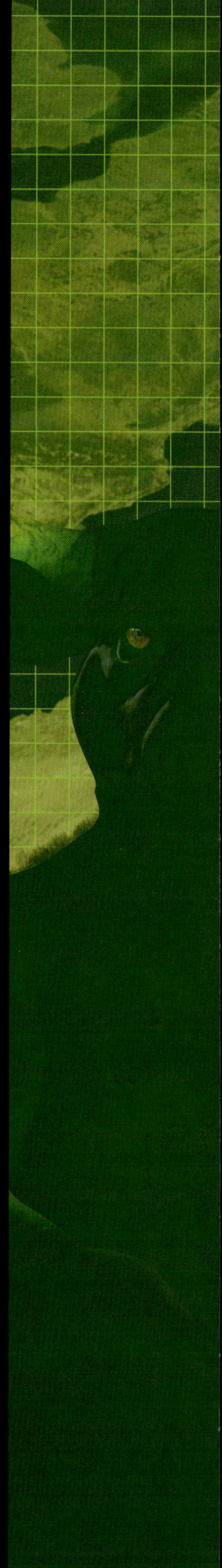

163904567598509.098.08e83r93.00/43740.9-93776767-------

喀迈拉

喀迈拉是长着狮头、羊身、蛇尾的凶猛怪兽，在英语中，“喀迈拉”一词已经成为所有混杂体动物的代名词。据说这种喷火的怪兽生活在土耳其西南地区，潜伏在位于利西亚的喀迈拉山的火山口附近。据希腊神话记载，喀迈拉与九头蛇和刻耳柏洛斯等其他多头怪兽有着共同的祖先。据说，看到这种怪兽是即将发生海难以及暴风和火山喷发等自然灾害的预兆。

传 说

柏勒洛丰的故事

在希腊神话中，喀迈拉是被英雄柏勒洛丰杀死的。柏勒洛丰是一位流亡的王子，流亡时被人诬陷试图强奸伊俄巴忒斯国王的女儿。伊俄巴忒斯不想因无情地杀死访客而被人指责有违待客之道，于是就派毫无心计的柏勒洛丰去杀死喀迈拉——他认为柏勒洛丰无法完成任务，此去必死无疑。

不可能完成的任务

在女神雅典娜的帮助下，柏勒洛丰驯服了长翅膀的飞马珀伽索斯，他骑着珀伽索斯与喷火的喀迈拉进行殊死搏斗。由于无法刺穿喀迈拉的皮肤，柏勒洛丰心生一计——他在矛尖上嵌上了一个铅块，把铅块塞进了这只怪兽的喉咙。铅块融化后，噎死了喀迈拉。

分 布

喀迈拉是一种独特的怪兽，只在土耳其西南部喀迈拉山的山坡上现过身。

栖息环境 人们很少能看到这种动物，不过一般认为它们潜伏在常年喷发熔岩的火山口附近（著名的土耳其火山地形上的火焰）。

食物 人们不知道喀迈拉以何为食，也许火山口释放出的甲烷气体可以为它们自身提供营养。

潜在危险：极高

喀迈拉可以一动不动地隐藏在暗处，长着锋利的牙齿并能喷火，因此它是凶狠的猎手。然而，长着三个头又让它很难在逼近猎物时不被发现。

体形对比

身高：1.8米

体长：头到头的长度为3米

体重：90千克

寻踪觅迹

在土耳其海岸，人们可以清楚地看到十多处炽热的火焰（“火焰”和喀迈拉的英文发音相同）从粗糙的火山地形上冒出，这里也是十分受徒步旅行者欢迎的旅游目的地。然而，近代人们已经很难看到喀迈拉的踪迹了。

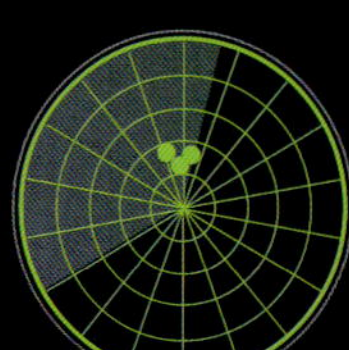

安全距离

警告：目标极具攻击性——立即后撤！

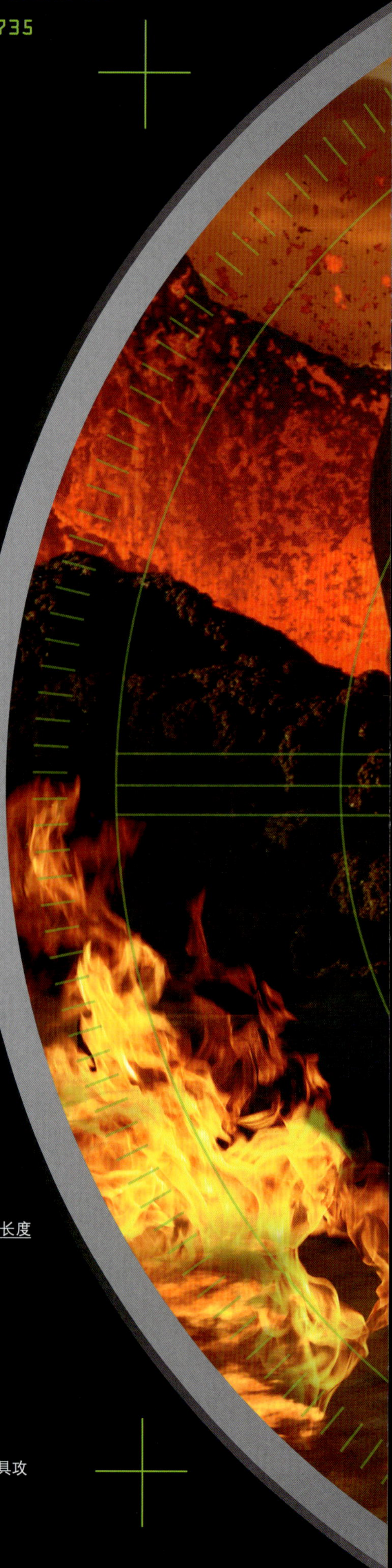

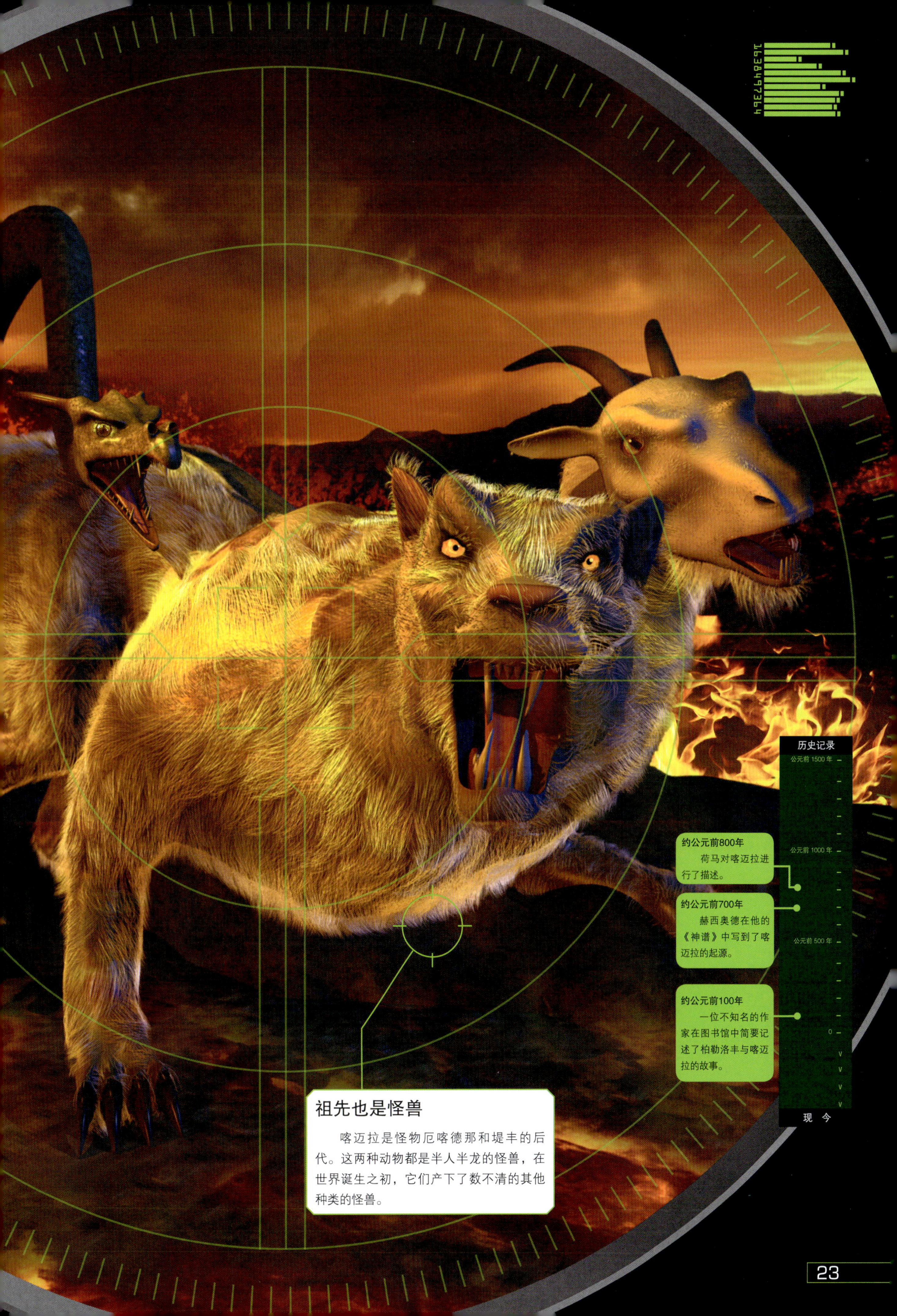

祖先也是怪兽

喀迈拉是怪物厄喀德那和堤丰的后代。这两种动物都是半人半龙的怪兽，在世界诞生之初，它们产下了数不清的其他种类的怪兽。

历史记录

公元前 1500 年

公元前 1000 年

约公元前800年
荷马对喀迈拉进行了描述。

约公元前700年
赫西奥德在他的《神谱》中写到了喀迈拉的起源。

公元前 500 年

约公元前100年
一位不知名的作家在图书馆中简要记述了柏勒洛丰与喀迈拉的故事。

0

现 今

神话中的怪物

希腊神话中有各种各样令人难以置信的怪物。其中一些怪物纯粹是人们想象出来的，而另一些似乎在现实中可以找到原形。有些就是已知动物，只是以寓言或夸张形式出现，也有全新的物种，还有一些看似无法解释的奇怪故事却在考古学中获得了数量惊人的佐证。

伟大英雄赫拉克勒斯在奋力完成十二苦差的过程中遭遇到了希腊神话中最有名的一些怪物。第一项任务是杀死凶悍的涅墨亚狮子，这只怪兽以它坚硬无比的皮而闻名。第二项任务是杀死九头蛇，这是一种长着九个头的水蛇，力大无比的勇士砍下一个蛇头时，蛇脖子上就会再长出两个新头。

赫拉克勒斯在十二苦差中遭遇到的其他怪兽还包括危险的厄律曼托斯野猪，吃人的斯廷法罗斯湖怪鸟，女神阿耳忒弥斯身边善跑的赤牝鹿，以及长着三个身体、三头六臂的巨人革律翁。最后的一项任务是抓住巨狗刻耳柏洛斯，它长着三个头，嘴滴毒涎，守护着冥府入口，那里就是希腊人所说的地狱。在各种希腊神话传说中，都将刻耳柏洛斯描述成特别难以征服的对手。赫拉克勒斯最终完成任务之后，又让这只狗回到了它本应该待的地方。后来传奇音乐家俄耳甫斯也遭遇过这只恶犬，俄耳甫斯为了进入冥府寻找亡妻欧律狄刻的灵魂，用七弦竖琴（一种古代乐器）弹奏美妙的音乐，从而使刻耳柏洛斯被琴声催眠。

希腊神话中还有许多怪物，其中包括人们熟知的弥诺陶洛斯（见第34页）和美杜莎（见第38页）。被剥夺王位继承权的伊阿宋王子和追随他的50位英雄为寻找稀世珍宝金羊毛，驾驶着快船阿耳戈号穿越了差点将他们碾碎的巨大礁石（库阿尼恩礁石），并与许多奇异的怪物进行过殊死搏斗。金羊毛是圣羊身上的毛，据说用它在溪流中淘金时，可以过滤出大量的黄金。

毗邻黑海的科尔喀斯（今天的格鲁吉亚）王国视这种稀世珍宝为圣物，它由一条从不入睡的龙守护。而国王埃厄忒斯的女儿美狄亚是位神通广大的女巫，她用一种药水帮助伊阿宋一行克服了恶龙这一难关。

据说三个头的刻耳柏洛斯可以看到过去、现在和未来。这给赫拉克勒斯擒获这只恶犬增加了不小的难度。

体形对比

体长：5米

体重：1000千克

传 说

守护花园的巨龙

为了获取金羊毛，伊阿宋需要俄耳甫斯的帮助，由他演奏音乐来麻痹科尔喀斯的巨龙，而美狄亚趁机利用巫术让巨龙昏睡（见右图）。这只怪物守护着战神阿瑞斯的专用果园。而希腊神话中的另一条龙似乎也与果园有着不解之缘。赫拉克勒斯为了偷取在世界的西方边缘赫斯珀里得斯姊妹金苹果园中的金苹果，必须智胜看守金苹果的百头巨龙拉冬。另一条是看守位于底比斯附近一处圣泉的巨龙伊思门尼欧斯，它与科尔喀斯巨龙似乎有某种亲缘关系，因为它们具备同样的魔力——这两条巨龙的牙齿掉落在贫瘠的土地上，后来都长出了叫作“地生人”的可怕武士。

分 布

这些形态各异的怪物生活在地中海周边——在古希腊时期，这里是世界闻名的地区。

历史记录

公元前 1000 年

约公元前800年

伟大诗人荷马在《奥德赛》中描述了英雄尤利西斯遭遇各种怪物的故事。

约公元前700年

希腊作家赫西奥德在他的《神谱》中列出了许多古老怪物的起源。

公元前 500 年

约公元前600年

希腊诗人裴山德在一首现已失传的诗中明确地列出了赫拉克勒斯的十二苦差。

约公元前250年

罗德岛的阿波罗尼奥斯根据早期的记述，写下了伊阿宋和阿耳戈英雄们的传说。

0

现 今

1639045675985O9.098.08e83r93.00/43740.9-93776767-------27896907
e83r93.00/43740.9-93776767-------278969074987.97979.08735

人头狮身蝎尾兽

波斯语的“人头狮身蝎尾兽”相当于埃及的斯芬克斯（人面狮身像），它是由几种不同动物构成的奇异混合体。根据人们的描述，人头狮身蝎尾兽有一副人脸，呲着一排排獠牙，长着狮子的躯干、蝙蝠的翅膀和带刺的蝎子的尾巴。它的名字源自古老的波斯语“食人兽”。人头狮身蝎尾兽的嗓音像喇叭，跟斯芬克斯一样，在杀死过路人之前，它总会让对方猜谜。据古希腊人说，人头狮身蝎尾兽生活在印度的丛林中，在那里捕食许多不同种类的动物。有些人认为，实际上人头狮身蝎尾兽并不存在，是人们误将老虎当成了怪兽。

传　说

早期记载

对人头狮身蝎尾兽最早的描述出现在公元前4世纪希腊作家克特西亚斯的作品中。他根据所接触过的波斯人的叙述，将这个“食人兽”描述成了与老虎一般大小的怪兽，蝎子一样的尾巴上布满利刺。

中世纪时期家喻户晓

罗马历史学家老普林尼将这只怪兽编入他有影响力的著作《自然史》之后，人头狮身蝎尾兽就成了中世纪动物寓言集中人们熟知的动物。自那时起，它成了嫉妒、欺骗和暴政的象征。

999790790.789.7

分　布

虽然波斯人坚持认为人头狮身蝎尾兽是印度的怪物，但是它的祖先或许可以追溯到更早的神秘的美索不达米亚怪兽。

栖息环境　据说人头狮身蝎尾兽生活在丛林中，有时藏在地下的兽穴内。

食物　人头狮身蝎尾兽长着数排獠牙，所以它总是被形容成食人怪物。

潜在危险：极高

人头狮身蝎尾兽长着强壮的狮子的躯干、带刺的尾巴和可怕的獠牙，天性善于欺骗，因此它是不可信赖的动物。

体形对比

身高：1.5米
体长：4米
体重：200千克

寻踪觅迹

人头狮身蝎尾兽的吼声介于管风琴与小号二者的音色之间。或许它让人猜谜的故事被夸大了，但至少它能模仿人类说话。

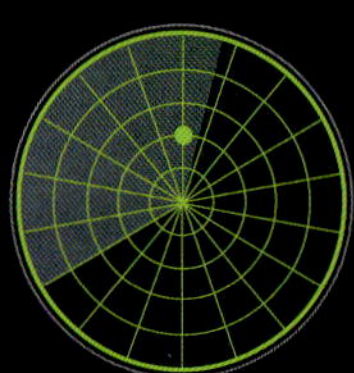

安全距离

警告：目标在射击范围内——使用安全防护用具！

带刺的尾巴

根据波斯人的描述，人头狮身蝎尾兽的刺可以伸出30厘米长。它们可以杀死比大象小的任何动物。当直接面对敌人时，这种怪兽会将尾巴翘起，悬在头顶，将这些致命的刺射向进攻者。

历史记录

公元前500年

约公元前400年

尼多斯的波斯国王亚达薛西二世的医生克特西亚斯第一次记述了人头狮身蝎尾兽。

0

约公元79年

罗马自然主义者老普林尼在他的《自然史》中记录了人头狮身蝎尾兽。

约200年

罗马作家克劳多斯·埃利亚努斯对人头狮身蝎尾兽做了更加详细的描述。

公元500年

现今

历史记录

公元前 1000 年

约公元前730年

赫西奥德在他的《神谱》中描写了飞马珀伽索斯的出生。

公元前 500 年

约公元前430年

希腊剧作家欧里庇得斯在一个剧本中描写了飞马珀伽索斯和柏勒洛丰的故事，这个剧本早已失传。

0

约公元150年

希腊地理学家保萨尼亚斯描写了在飞马珀伽索斯踏过的地面形成灵泉的神话。

公元 500 年

现 今

魔　蹄

很多传说中说，只要是飞马踏过的地方，就会有清澈的泉水喷涌而出。比如，在维奥蒂亚的赫利孔山上有两处灵泉，分别叫希波克瑞涅和阿伽尼佩，它们都是由飞马珀伽索斯踏过之后形成的。

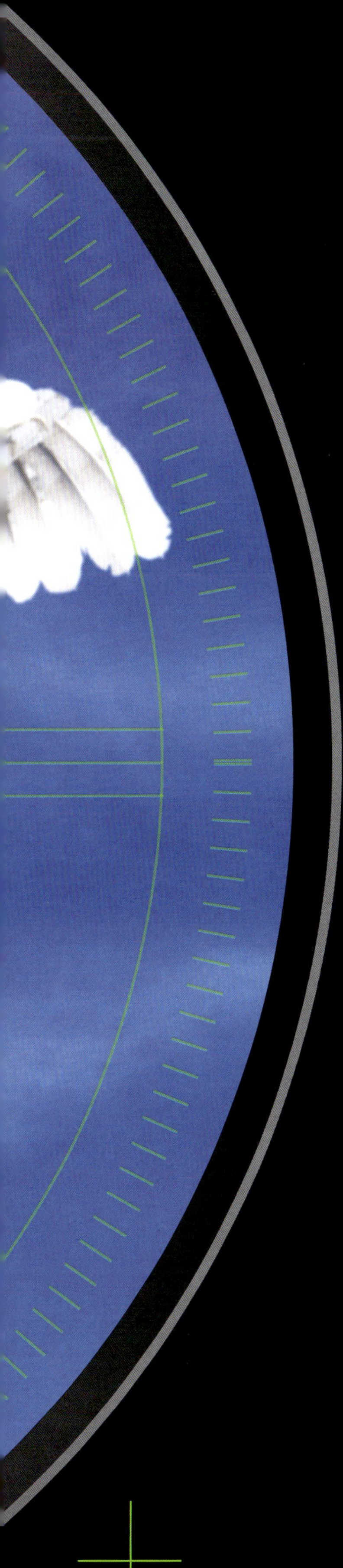

飞马珀伽索斯

希腊神话中长着翅膀的飞马是最著名的奇异动物中的一员。但是，能飞的马在世界各地的传说中并不鲜见，时至今日偶尔还会听说有人看到了飞马。有人猜测，飞马珀伽索斯是由被珀耳修斯斩杀的女巫美杜莎的血变化而成的。希腊神话中有好几位英雄骑过这匹飞马，最著名的当属柏勒洛丰，他骑着飞马打败了亚马孙女战士和三头怪喀迈拉。

传 说

飞马珀伽索斯和柏勒洛丰

柏勒洛丰用女神雅典娜送给他的一条金缰绳降伏了飞马珀伽索斯（见右图），战胜喀迈拉后，他打算骑着飞马飞到众神的家园奥林匹斯山。希腊众神之王宙斯放了一只牛蝇去刺飞马臀部，被刺痛的飞马将柏勒洛丰甩落。宙斯将飞马据为己有，养在天庭，这就是后来人们看到的天马座。

近亲？

很多文化中都有飞马的传说。中亚的土耳其民族称飞马为图尔帕尔，而朝鲜族人称飞马为“千里马”。

999790790.789.7

寻踪觅迹

飞马在空中飞的时候不会留下任何痕迹，而在地面上，人们也很难区分飞马和普通马留下的脚印。然而，据说飞马珀伽索斯的一根羽毛曾经落在了塔尔索市（位于现代的土耳其）附近。

分 布

在整个欧洲和亚洲都流传着飞马的传说。有人推测，美国传说中长着马头的“泽西恶魔”（见第84页）是一种类似飞马的动物。

栖息环境 飞马可以在多种野外环境中生存——它们可以独居，也可以与普通的马群居。

食物 据我们所知，飞马吃的食物与普通马完全一样，它们自由自在地吃草和其他植物。

体形对比

身高：2.1米

翼展：6米

体重：500千克

潜在危险：低

虽然飞马躲避人类，但是任何想要接近飞马的人都要当心它们的急脾气和可能发起的攻击。

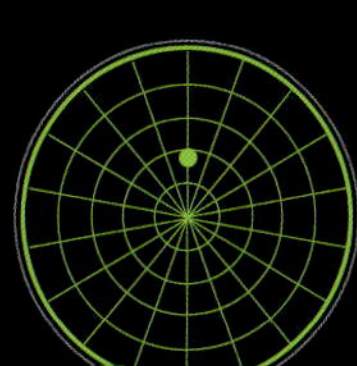

安全距离

目标处在飞行状态——保持安全距离并继续观察！

半人兽

许多古代的奇异动物都具有半人半兽的形象。古代人对这些动物特别着迷，可能是因为与现代人相比，古人的生活更贴近大自然。希腊人特别热衷于这些半人半兽的故事，经常讲述一些传说，告诫人们不要向这些具有部分人性的动物屈服。

从长相怪异的鹰身女妖哈耳庇厄和人身鸟足的海妖塞壬，到喜欢搞恶作剧的半人半山羊的萨堤耳斯和半人半羊的农牧神，这些半人兽与普通人一样有各种脾气、态度和动机。

所有这些奇异动物中最著名可能当属半人马了，他长着马的四肢和臀部，而上半身是人身，高贵却脾气火爆。他们以豪放的喝酒方式以及与古希腊拉庇泰族部落的战斗而闻名于世。然而，他们的首领喀戎却以智力和大智慧著称。因此，他成了忒修斯、赫拉克勒斯和伊阿宋等许多伟大的古希腊英雄的导师。

农牧神是与萨堤耳斯十分相似的圣兽，上半身是人，却长着与羊类似的腿。他们通常很容易被区分，因为萨堤耳斯长着人类的脚，身材高大健壮，而农牧神身材小巧轻盈，长着动物蹄子。萨堤耳斯是希腊享乐之神酒神狄俄尼索斯的追随者。农牧神是罗马的半人兽，他们也爱喝酒并追随酒神巴克斯。但是，他们最终会变成更加羞怯的自然神灵，不过似乎依旧保留着他们顽皮的幽默感。

至少半人马和萨堤耳斯是通情达理的，他们的兽性完全可以规范自身的行为，而有些半人兽极具攻击性。比如鹰身女妖哈耳庇厄，长着妇人的头和身体、鹰的翅膀和爪子，实际却是贪婪的巨鸟。由于色雷斯国的国王菲尼亚斯滥用预言的能力，希腊众神之王宙斯为了惩罚他，将其监禁在一座岛上，他在那里备受鹰身女妖的折磨。每天都会在国王菲尼亚斯的面前摆好盛宴，可是在每次就要吃到食物的时候，鹰身女妖就会把食物从他的手中夺走。

海妖塞壬可能与鹰身女妖有亲缘关系，是另一种人面鸟身的女妖。她们以诱人的歌声而闻名于世，一个又一个的航海者被这歌声迷惑，将船驶向她们的荒岛。一旦撞上岸上的礁石，食人海妖塞壬就将这些可怜的家伙变成盘中之餐，大快朵颐。只有伊阿宋和阿耳戈英雄们在遭遇海妖塞壬时幸免，因为音乐家奥菲厄斯美丽的琴声压过了海妖的歌声。

存在过的证据

离奇遭遇

人们一想到古代神话中的半人兽肯定在过去就已经消失了，就会觉得心安，但是就在现代，还有一些人声称他们意外地遭遇了这些奇异的动物。神秘动物学家对此往往持否定的态度，认为人们误将看到类似野人的生物当成了农牧神和萨堤耳斯。但是人们却难以解释1966年在爱尔兰劳斯郡目击人首马身怪物这类事件。苏格兰人也有类似鹰身女妖的故事，这种动物叫斯克里。有人在1746年卡伦顿血战之前见过它，据说它在战争之前出现预示着死亡和毁灭。

体形对比

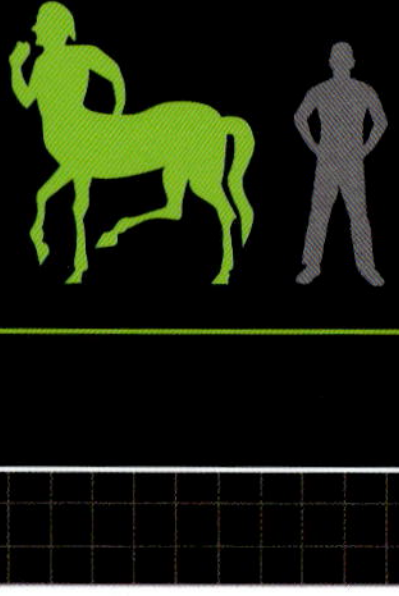

体长：2.5米

体重：400千克

分 布

本页中描述的半人兽都来自希腊神话，一般认为，他们生活在环地中海的陆地上。

历史记录

公元前 1500 年

约公元前1300年 在古希腊时期的物品上发现最早的半人马像。

公元前 1000 年

约公元前700 希腊作家赫西奥德在《神谱》中描写了鹰身女妖。

约公元前500年 希腊剧作家编写了一系列关于萨堤耳斯的滑稽剧。

公元前 500 年

约公元前470 希腊诗人品达第一次对半人马进行了书面描述。

约公元前350年 希腊历史学家蒂诺描写了在遥远的印度发现女妖塞壬的故事。

0

现 今

潜在危险：中

这些不同种类的动物危险等级各不相同。萨堤耳斯和农牧神喜欢喝酒，搞恶作剧，而半人马渴望尊重却恃强凌弱。鹰身女妖哈耳庇厄和女妖塞壬是凶恶的食肉怪兽，要尽可能避免与她们遭遇。

鹰身女妖的名字哈耳庇厄表示“掠夺者”，她们出现时总伴有狂风。她们的任务就是将妖魔鬼怪带到塔尔塔罗斯——希腊神话中的地狱。

独眼巨人

希腊和罗马神话中有许多可怕的独眼巨人（又称库克罗普斯）的故事。书中说他们住在偏僻的岛上，也有的说他们住在世界的另一端。有几类独眼巨人：希腊英雄尤利西斯和他的船员从特洛伊战争凯旋，在漫长归途中，曾遭到孤独的独眼巨人波吕斐摩斯的威胁；独眼国的独眼勇士与中亚的狮身鹰首兽（见第122页）展开过长期的战斗。是想象力过于丰富的希腊人把凶猛的野人想象成了怪兽，还是他们在现实中确实存在？

存在过的证据

尤利西斯和波吕斐摩斯

在荷马史诗《奥德赛》中，尤利西斯和他的船员在库克罗普斯岛登岸，在一个洞穴中避风时，发现这是独眼巨人波吕斐摩斯的巢穴。独眼巨人带着他的羊回来时，发现了尤利西斯等人，立即封住了洞口，将他们困在了洞内。为了逃跑，他们想办法灌醉了独眼巨人，并用磨尖的木桩刺瞎了他的眼睛。在独眼巨人将羊放出去吃草之前，尤利西斯和他的水手们把自己绑到了羊身下面，随着羊群逃出了洞穴。

独眼象？

许多专家认为，独眼巨人的传说起源于矮脚象的骷髅头（见右图），这种象曾经生活在地中海的岛上。人们很容易误将骷髅头上象鼻与头颅连接的孔洞当成巨大的眼窝。

999790790.789.7

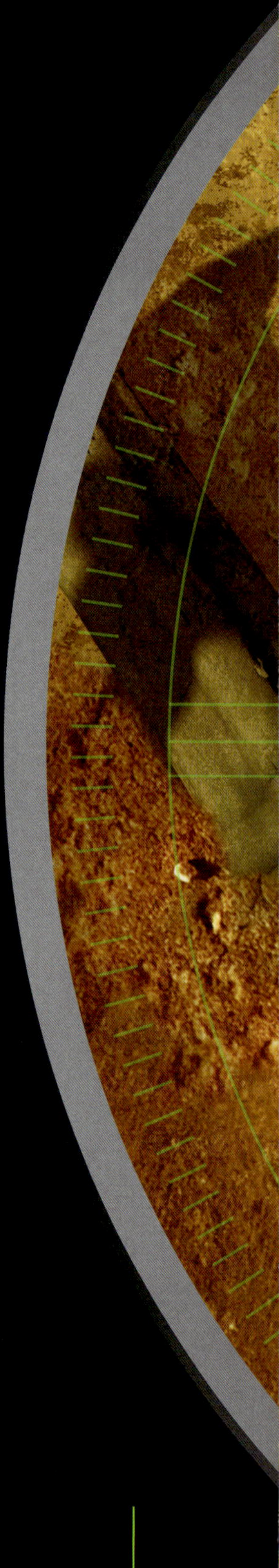

分 布

独眼巨人的岛屿位于地中海，具体位置并不明确。据说独眼国是中亚的一个部落。

栖息环境 这些令人生畏的巨人一般喜欢牧场和海滩，附近就是圈养绵羊的洞穴。

食物 独眼巨人是贪婪的食肉怪兽，饲养绵羊，喜欢吃人，甚至吃同类。

潜在危险：高

独眼巨人是未开化的野人，身材巨大，有着惊人的蛮力。然而，由于他们智力低下，所以人们有时可以以智取胜。

体形对比

身高：7米
体重：11 000千克

寻踪觅迹

从独眼巨人留下的巨大脚印和他们丢弃的食物残渣（他们吃饭是出了名的邋遢）可以判断他们的行踪。

安全距离

目标极具攻击性——保持高度警惕并注意观察！

建造大师

据希腊神话记载，最初的独眼巨人是兄弟三人，魁伟的身材让他们有能力建造巨大的建筑。他们也是铁匠，为宙斯锻造闪电。

历史记录

公元前1000年

约公元前800年
荷马在《奥德赛》中讲述了尤利西斯和独眼巨人波吕斐摩斯的故事。

约公元前700年
希腊历史学家赫西奥德在他的《神谱》中描写了独眼巨人种族的起源。

公元前500年

约公元前275年
西西里岛诗人忒奥克里托斯用诗的形式叙述了波吕斐摩斯渴望获得海仙女伽拉忒亚的爱情却最终未能如愿的故事。

0

现今

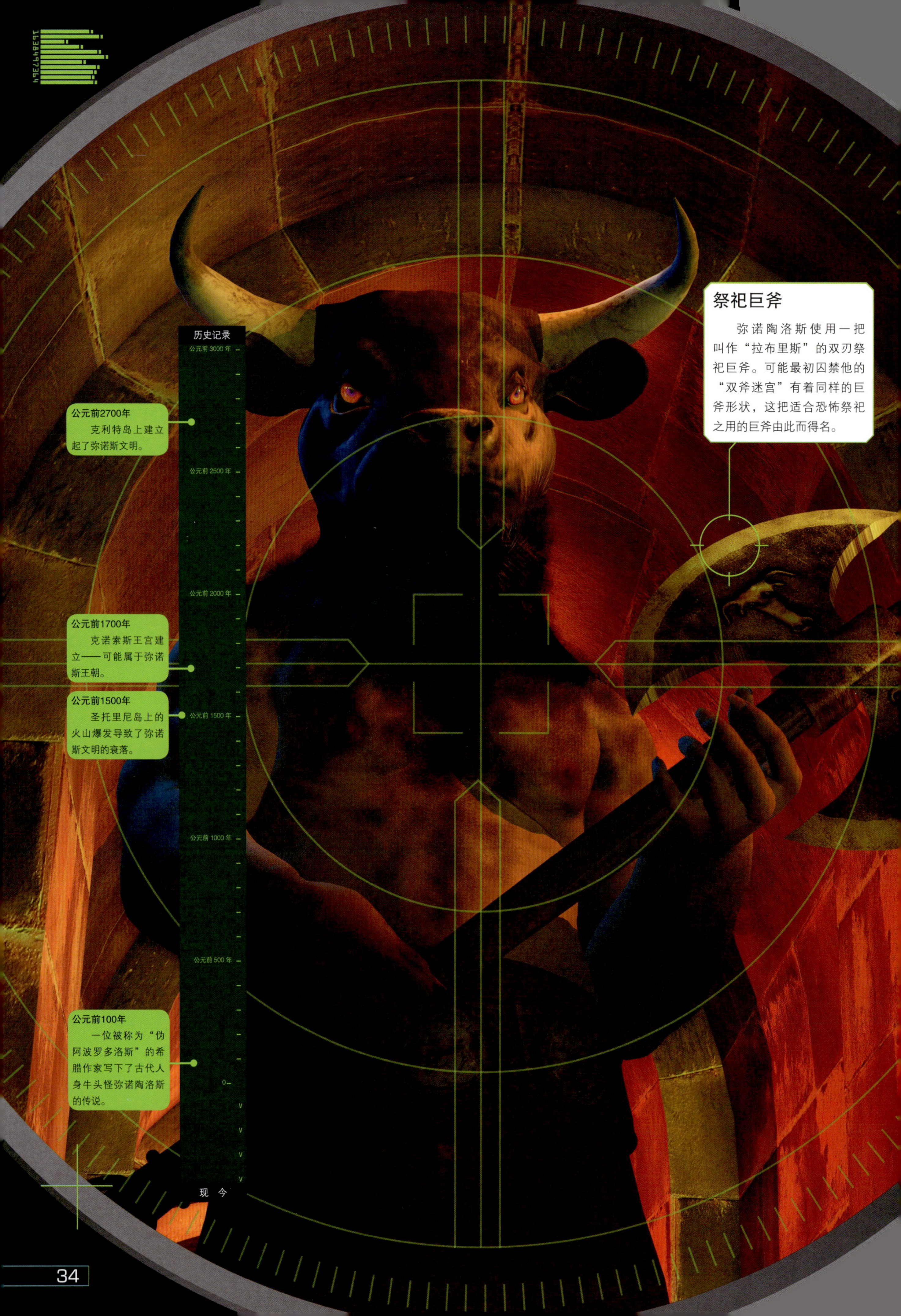

公元前2700年

克利特岛上建立起了弥诺斯文明。

公元前1700年

克诺索斯王宫建立——可能属于弥诺斯王朝。

公元前1500年

圣托里尼岛上的火山爆发导致了弥诺斯文明的衰落。

公元前100年

一位被称为“伪阿波罗多洛斯”的希腊作家写下了古代人身牛头怪弥诺陶洛斯的传说。

祭祀巨斧

弥诺陶洛斯使用一把叫作“拉布里斯”的双刃祭祀巨斧。可能最初囚禁他的“双斧迷宫”有着同样的巨斧形状，这把适合恐怖祭祀之用的巨斧由此而得名。

人身牛头怪

古代希腊神话中有一个长着人身牛头的怪物，克利特岛国王弥诺斯将他囚禁在了克诺索斯王宫下面的神秘迷宫里。为了供养弥诺陶洛斯，国王弥诺斯定期向人身牛头怪弥诺陶洛斯进贡七对雅典的童男童女。后来雅典国王的儿子忒修斯带着贡品来到了克里特岛。在克里特岛公主阿里阿德涅的帮助下，忒修斯杀死了弥诺陶洛斯，并找到路走出了迷宫。最初的弥诺陶洛斯应该早就死了，不过在希腊神话中还有其他长着牛头的神——谁知道他们背后都有什么样的故事呢？

传　说

弥诺陶洛斯的出身

国王弥诺斯有一次未能履行诺言，海神为了报复他，诱使弥诺斯的妻子帕西淮与一头公牛交媾，生下了丑陋的儿子弥诺陶洛斯。国王和王后想把这个长着人身牛头的孩子养大，但是随着年龄的增长，弥诺陶洛斯越来越强壮野蛮，为避免家丑外扬，就修建了囚禁他的迷宫。

挖掘弥诺陶洛斯迷宫

20世纪30年代，当英国考古学家亚瑟·埃文斯挖掘克诺索斯王宫遗址（见右图）时，获得了惊人的发现：古代克里特岛弥诺斯文明确实将牛作为圣兽，并且可能用人做祭品。

999790790.789.7

寻踪觅迹

人身牛头怪弥诺陶洛斯住在地下昏暗的迷宫中，不过可以通过他散发的臭味和喘粗气的声音追踪到他。

体形对比

身高：2.5米

体重：160千克

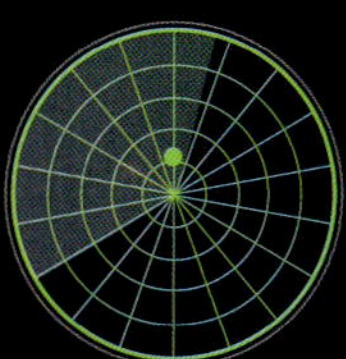

安全距离

警告：目标越来越具攻击性——慢慢退避！

分　布

虽然最早的人身牛头怪弥诺陶洛斯源自地中海的克里特岛，但是整个欧洲和亚洲地区关于牛头神兽的传说却屡见不鲜。

栖息环境　人身牛头怪弥诺陶洛斯被囚禁在一旦进入就无法逃脱的迷宫中。忒修斯用阿里阿德涅公主给他的线团标记路线，最终走出了迷宫。

食物　传说中，弥诺陶洛斯最喜欢吃人肉。

潜在危险：极高

弥诺陶洛斯是力大无比、脾气暴躁的怪兽，十恶不赦的刽子手，应该避免与其近距离接触。

斯芬克斯

长着狮子的身体、女性的头，斯芬克斯也许是最能让人一眼认出的奇异生物。世界各地的古代艺术中都留有斯芬克斯的形象，其中就包括埃及吉萨金字塔旁最大的狮身人面雕像。然而，斯芬克斯不止是个半人半兽怪物——后来希腊将早期埃及人创造的形象用在了他们的传说故事中。

埃及的狮身人面像最早出现在被称作“古王国”的时期，当时第一个真正强大的法老统治着尼罗河流域的这个王国。可能是为了纪念父亲胡夫，法老雷吉德夫在公元前2500年左右建造了吉萨金字塔旁的狮身人面像，而正是他的父亲胡夫在多年前建造了胡夫金字塔。事实证明狮身人面像太具代表性了，以至于斯芬克斯成了埃及的象征，在神庙和纪念馆中安放着无数的仿品。后来，狮身人面像经常被“改头换面”，有的头部是当时法老的肖像，有的是动物的头像。这些雕像可能与特定地区或特定的神有关（多数是兽首人形的埃及神灵）。然而，这些仿造雕像的狮身形态始终未曾改变，并且后来成为强大的太阳女神赛克麦特的身体形象。

奇怪的是，我们不知道埃及人自己如何称呼这些与众不同的雕像。当这些雕像传播到地中海后，很快就融入了古希腊文化，希腊人用一种已经存在的神话怪物的名字为它们命名——斯芬克斯。

这种魔兽长着女性的头和狮子的身体，它的名字在希腊语中是“扼杀者”的意思。有时，人们会看到长着鹰翅和蛇尾的斯芬克斯。相传，它总是坐在石柱上，把守着希腊的底比斯城，要求准备从此通过的旅行者回答她的谜语：“什么动物早上四条腿走路，中午两条腿走路，到了晚上用三条腿走路？”如果旅行者无法猜出答案，斯芬克斯就会猛扑过去，扼死并吞掉他们。最终它败给了说出正确答案的希腊王子俄狄甫斯。王子说：“是人，因为人刚生下来用两手两脚爬行，长大就用两只脚走路，年老以后就拄着拐杖成了三条腿。”羞愧万分的斯芬克斯从高处坠落而死。获胜的俄狄甫斯后来成了心怀感激的底比斯人民的国王。

在世界的其他地区也能发现狮身人面像，尤其是在南亚，它们是印度教和佛教造像艺术中最受欢迎的形象。它们有不同的名字，经常被视为可以辟邪和带来好运的保护神。

存在过的证据

神秘的斯芬克斯

17世纪，第一批到达埃及的欧洲旅行者发现，人们看到的斯芬克斯像只是露在沙子外面的巨大头部。到了1925年，雕像巨大的身体才完全地展现在世人面前。自20世纪以来，关于斯芬克斯的起源和用途的理论学说层出不穷。一些理论认为，斯芬克斯比金字塔古老得多，而埃及人把狮子雕像的头部改成了法老的头像。还有一些理论认为，狮身人面像的身体内是隐蔽的密室，里面可能是图书馆，保存着失落文明的资料。虽然这些观点都无法获得证明，但是时至今日，斯芬克斯仍然吸引着成千上万慕名而来的参观者。

描写俄狄甫斯遭遇斯芬克斯的希腊图画显示，这种怪兽的原形远远小于它的雕像。

历史记录

公元前3000年

约公元前2500年
第四王朝法老雷吉德夫建造了吉萨金字塔旁的狮身人面像。

公元前2500年

公元前2000年

约公元前1400年
法老图特摩斯四世将埋住大部分狮身人面像的沙土清除。

公元前1500年

公元前1000年

约公元前700年
希腊历史学家赫西奥德在他的《神谱》中描写了希腊狮身人面像的由来。

公元前500年

约公元前467年
希腊剧作家埃斯库罗斯写了讲述俄狄甫斯故事的三部曲，并详细描写了斯芬克斯。

0

现今

分布

似乎只在埃及和希腊这两个国家出现过类似斯芬克斯怪兽的传说。

体形对比

体长：2.1米

体重：180千克

美杜莎

蛇发女妖是三姊妹，头上长满了蠕动的蛇，人们猜测她们之所以长成这样，是因为受到了希腊女神雅典娜的诅咒。三姊妹中最恐怖的当属美杜莎，她原是一位美丽的少女，后来变成了长着满头毒蛇的怪物。而且更可怕的是，任何人只要看她一眼，就会变成石头。传统的希腊神话中说，美杜莎不久就被英雄珀耳修斯杀死，但是我们能肯定她的姐姐最后怎么样了吗？她们是否仍然待在奥林匹斯山底下的洞穴中伺机而动呢？

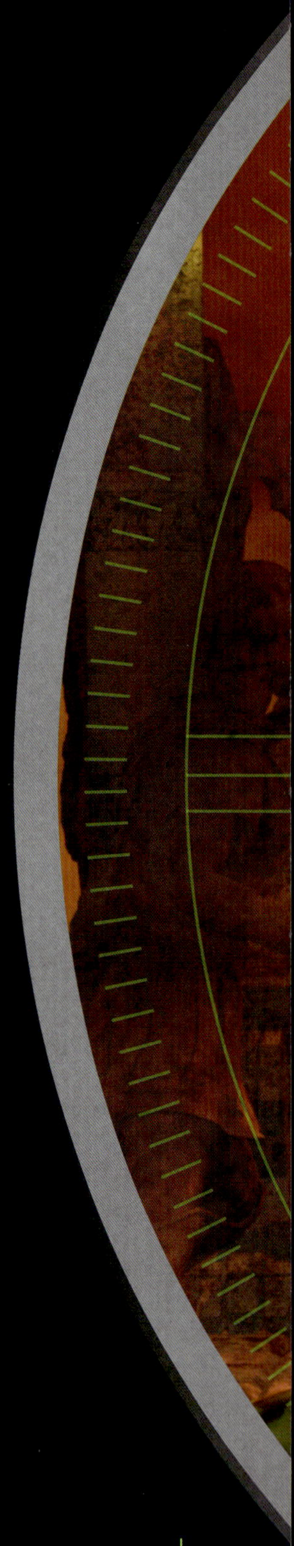

传　说

珀耳修斯和美杜莎

关于美杜莎最有名的传说故事出现在与珀耳修斯有关的古希腊传说中。波吕得克忒斯国王想强行娶珀耳修斯的母亲为妻，但又不希望他妨碍自己的美事，于是就派年轻的他去取蛇发女妖美杜莎的首级。为了避免与美杜莎致命的眼神相遇，女神雅典娜送给珀耳修斯一面镜子，利用这面镜子，珀耳修斯杀死了美杜莎并取下了她的头颅。在回家的路上，他遇到了为安抚巨型海怪而被父母绑在岩石之上的安德洛墨达公主。珀耳修斯用美杜莎的头将海怪变成了石头。珀耳修斯与公主一同回到了波吕得克忒斯的王宫，可是他发现自己母亲正遭受着国王的凌辱和奴役，愤怒不已的珀耳修斯在充满怀疑的国王和朝臣面前亮出了美杜莎的头颅，结果国王和朝臣们瞬间石化。

999790790.789.7

分　布

据说三位蛇发女妖居住在希腊北部的奥林匹斯山下。

栖息环境　这些丑陋的姊妹居住在山下的深洞中，从不在白天出来。

食物　尚不清楚蛇发女妖以何为食——可能她们猎捕小型哺乳动物，一般采取奇袭的猎捕方式，以免猎物偶然与她们的目光相对而变成石头。

潜在危险：极高

蛇发女妖具有可怕的眼神，长着利爪和毒牙，极其危险，接近她们时要保持高度的警觉。

寻踪觅迹

蛇发女妖致命的眼神让猎杀她们变得极其困难，不过珀耳修斯使用镜子的故事说明，夜视镜或其他光学设备可以化解她们石化对手的魔力。

体形对比

身高：1.8米
体长：5米
体重：180千克

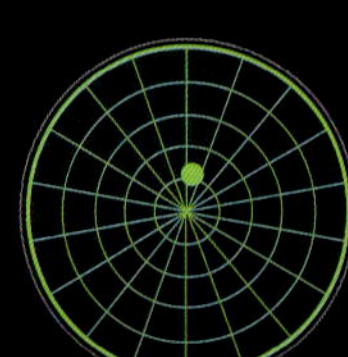

安全距离

警告：目标机敏且充满敌意——退避并避免目光接触！

蛇发

据一些希腊神话故事记载，智慧女神雅典娜发现美丽的侍女美杜莎与海神波塞冬有染后，愤怒之下将美杜莎变成了目光邪恶和长着蛇发的怪物。奇怪的是，在整个古典文化世界中，蛇发女妖的头像被用作保护的象征。

历史记录

公元前 1000 年

约公元前800年

希腊诗人荷马在他的史诗《伊利亚特》中简单介绍了蛇发女妖眼神的可怕魔力。

约公元前700年

希腊历史学家赫西奥德在他的《神谱》中有对蛇发女妖三姐妹的描述。

公元前 500 年

约公元前150年

雅典的阿波罗多洛斯写下了珀耳修斯和美杜莎神话故事的概要。

0

现今

不死鸟

不死鸟是一种神奇的火鸟，寿命长达500岁，在古代，世界各地都流传着关于它们的传说。当不死鸟即将死亡时，它的身体会燃烧并从自己的灰烬中重生。不死鸟的传说最早起源于埃及和印度，但是在希腊、中国和日本也都有类似不死鸟的传说故事。

不知为什么，在所有的古代文明中都流传着不死鸟的传说。一种学说认为，各种不死鸟的起源都可以追溯到古代与太阳有关的像鹰一样的鸟神。正如太阳每一年都随着白昼长短的变化而经历自己的生命周期一样，人们认为“太阳鸟”会在每年冬至时死去并“重生”。

不死鸟这类神鸟的故事最早起源于古埃及，传说那里的草鹭或贝努鸟与太阳神有关。有些人说，这些鸟从燃烧的圣树的火焰中诞生，而另一些人说，贝努鸟来自死而复生的冥神奥西里斯。这些鸟在太阳城备受尊崇，祭祀它们的神庙被用来测量太阳的位置和保存埃及的历法。

“不死鸟”这个词源自古希腊，是“熠熠生辉之物”的意思。诗人赫西奥德最先使用了这个名字，并提到这种鸟以长寿著称。历史学家希罗多德则全面描述了不死鸟的生命周期。他详细地描写了这种鸟红色和金色相间的羽翼（虽然他承认他未曾亲眼见过不死鸟），并记述了这种鸟平时在印度的生活，每隔500年飞到埃及一次。这个时候衰老的不死鸟会死去，一只一模一样的新的不死鸟会从烈火中的蛋内破壳而出。

俄罗斯民间传说中也有自己的不死鸟，被称为“火鸟”。这种美丽的鸟，翅膀绽放着彩色的火焰，据说它是春天的使者，它能让百花齐放并带来好运。而那些捕捉火鸟的人会发现，若不让火鸟重获自由，自己就会厄运不断。有些人说，所有这些鸟都是古代波斯传说中神鸟斯摩夫的后代，据说斯摩夫的寿命非常长，它至少见证了三次世界的毁灭与再生。

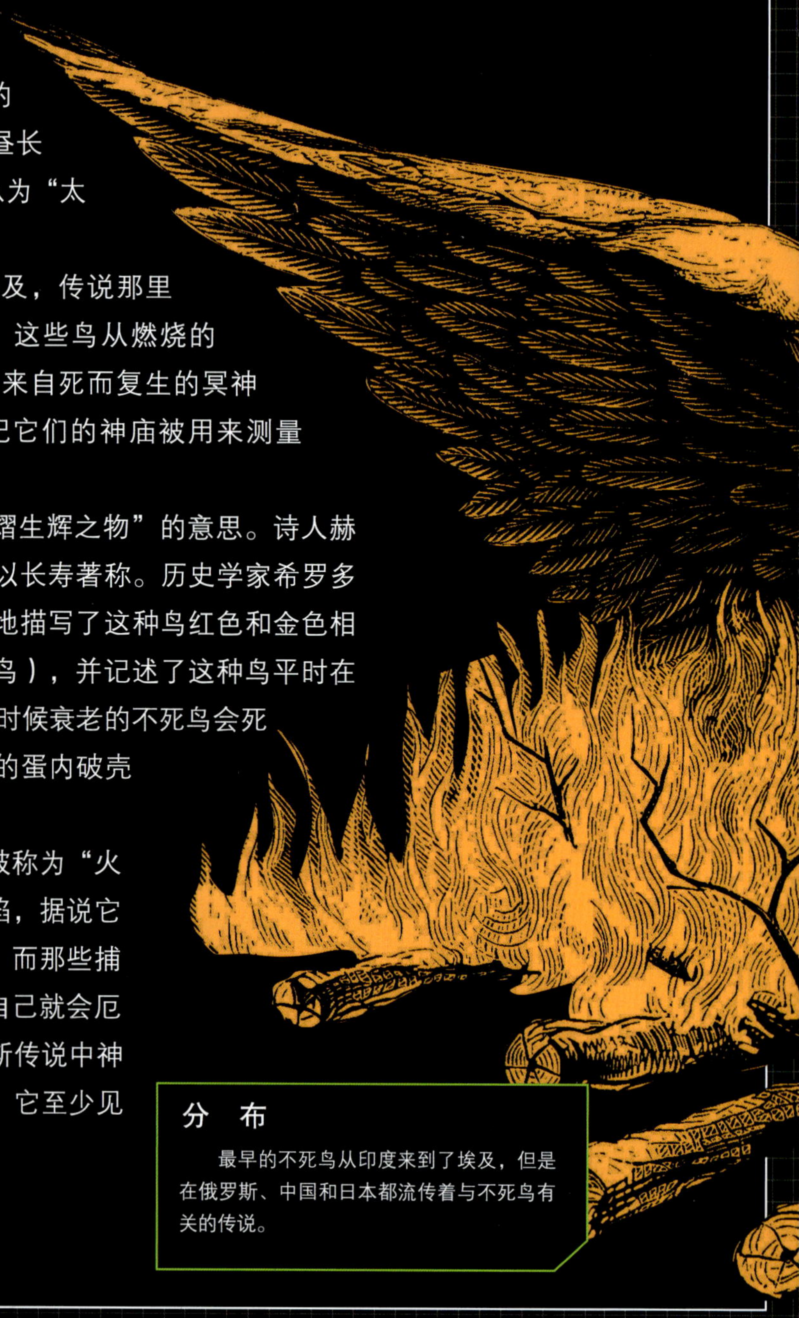

分　布

最早的不死鸟从印度来到了埃及，但是在俄罗斯、中国和日本都流传着与不死鸟有关的传说。

体形对比

翼展：1.5米
体重：1.8千克

传 说

中国凤凰

人们通常把中国的神鸟称作凤凰，它与地中海地区真正的不死鸟有着不小的区别。传说凤凰是百鸟之王，长着野鸡的头和尾、鸭子的身体，还有一对燕子的翅膀。尽管凤凰不会像不死鸟一样经历生死轮回，但是也与太阳有关。凤凰被视为美德和好运的象征，通常用来代表中国的皇后，而与之相对的龙是皇帝的象征。

据说年老的不死鸟用没药树的树枝筑巢和搭建火葬柴堆，人们普遍认为没药树的树脂具有魔力。

历史记录

公元前1000年

约公元前800年
埃及的《亡灵书》中提到一种类似不死鸟的鸟——贝努。

约公元前700年
赫西奥德最先使用了“不死鸟”这个词，而且对其长寿进行了叙述。

公元前500年

约公元前440年
希腊作家希罗多德在他的《历史》一书中描述了不死鸟的整个生命周期。

0

约公元170年
弗拉维乌斯·菲洛斯特拉托斯以自己的理解描写了不死鸟的生命周期。

公元500年

现今

北　欧

19世纪以前，北欧地区森林茂盛，农田星罗棋布，每一座城堡都被城镇和村庄环绕。狼和熊这类野兽随时会对迷途的人发起攻击；从脾气暴躁的食人妖到顽皮的精灵，从湖怪到黑犬兽，从龙到森林巨人，北欧有数不清的神奇动物。即使待在家中也未必安全——狼人在月夜中徘徊，吸血鬼从坟墓中爬出，伺机捕食人类。如今在欧洲，你不大可能看到黑犬兽，但很可能会遇到幻影猫，很多怪物仍然活着。

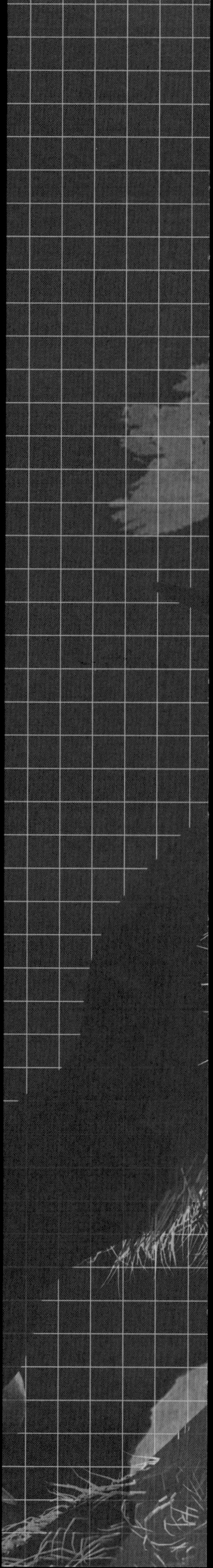

北欧野人

世界各地都流传着遭遇野人的传说故事，他们凶猛且力大无比。这些巨人在斯堪的纳维亚国家的民间传说中尤为常见，一般描写的都是他们与古斯堪的纳维亚诸神之间战争的故事。其中最有名的野人是格伦德尔，在以英雄贝奥武甫的名字为书名的史诗中就记载了他与格伦德尔的遭遇。然而，有人认为野人的传说只不过是神话故事，不过也有人拿出了巨型野人部落曾经存在过的证据。是否他们现在仍然躲藏在某个地方？

存在过的证据

巨人骨骼

有许多关于巨人存在过的证据，后经证实，是人们误将动物化石和大型的古建结构当成了巨人的骨骼。但是人们也发现了体形巨大的真人遗骸，其中就包括在英国北约克郡发现的平均2米高的盎格鲁-撒克逊族“巨人”。

灰人，绿人？

有人曾声称，他们在苏格兰凯恩戈姆山中与一种叫作“大灰人”的怪物有过惊心动魄的遭遇。在欧洲的其他地方，有许多关于“绿人”的传说（见右图），他们在深山老林里潜行，偶尔也会在村头出现。他们经常出现在中世纪艺术作品中。

999790790.789.7

分　布

世界各地都发现过大脚怪和雪人这类巨型人种，而北欧的野人似乎更接近现代的人类。

栖息环境　野人常出没于深山老林或偏远的荒野地区。

食物　欧洲野人和巨人吃何种食物，说法不一。有些民间故事中说他们是巨大的食人者，而从另一些故事中的描写来看，他们是吃野果和小动物的杂食动物。

潜在危险：高

人们对这些野人的心思和智力并不了解，但是从这些古代传说中来看，最好离他们远点。

体形对比

身高：2.7米

体重：200千克

寻踪觅迹

现代遭遇野人的故事通常被赋予了超自然的色彩，比如“大灰人”，据说遇到他的人都会变得六神无主。尽管这种怪物体型巨大，但是他来时悄无声息，去时不留痕迹。

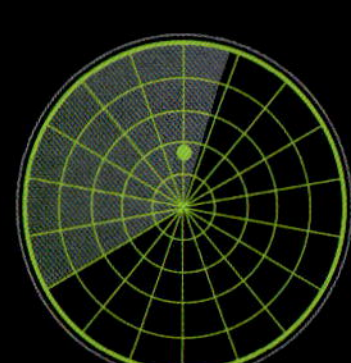

安全距离

警告：目标有明显的攻击性——立即躲避！

历史记录

公元 500 年 — 公元 1000 年 — 公元 1500 年 — 公元 2000 年 — 现 今

约1140年

英国萨福克郡伍尔皮特村民发现了两个奇怪的“绿孩子”。

约1600年

一位苏格兰默里家族成员在敦提抓到一个野人。这个家族至今还在他们的盾徽上保留着这个奇异动物的形象。

1925年

业余登山者诺曼·柯里教授首次详细描述了一次遭遇“大绿人”的经历。

1993年

徒步旅行者在苏格兰亚伯丁郡的林地中遇到了一个神秘的像野人一样的动物。

冲出迷雾

现代遭遇野人的故事中充斥着惊悚恐怖和超自然能力，比如他们能够让周围莫名其妙地产生浓雾。有些人把这些离奇的现象称作“把人吓醒的噩梦”，唤起了远古对已经灭绝的史前欧洲尼安德特人的恐惧。

食人妖和食人魔

欧洲民间传说中有很多关于巨人怪、食人妖和食人魔的故事。食人妖主要出现在斯堪的纳维亚诸国，分为两大种类——生活在遥远北方体形巨大、毛发浓密而且野蛮的怪物；生活在南方体型较小、外形更像人类的生物（通常长着尾巴）。这种体形较大的巨人怪与法国、德国和英国神话故事中可怕的、有时以人为食的食人魔相似。

食人妖最早出现在9世纪的维京史诗或传奇故事中。不同于阿拉伯的仙女和神怪（见第16页），人类通常无法看到巨人怪，他们有自己的生活，只是偶尔与人类接触。人们往往视巨人怪为贼，他们偷庄稼、偏远农舍的家畜和用品以及贮藏的财宝。但是在很多故事中，他们并非真的那么邪恶，只是以一种不同的规则和原则生活，像精灵一样，会惩罚那些违反这些原则的人类。他们还有其他类似仙女的怪癖，比如绑架人类，有时在他们的领地里偷走人类的新生儿，留下自己的后代（这就是所谓的“丑孩子”）。

最初的时候，并没有什么食人妖，他们只是类似仙女的“神隐”（冰岛精灵），但是到了中世纪，神话故事中的他们就变成了更加凶猛、十分邪恶、以人为食的怪物了。这些后来的食人妖与英国、法国和德国发现的食人魔往往难以区分。

虽然食人魔这个词是由12世纪的诗人创造的，但是最早的真正食人魔是叫作哥革和玛各的怪物，他们生活在现今英国西部康沃尔郡，比人类首次到达不列颠群岛的时间要早得多。

食人魔通常被描述成可怕的食人巨怪，虽然反应迟钝，但却具备魔力。17世纪后期法国作家夏尔·佩罗笔下的古老童话故事中有一个英雄猫，名叫“穿靴子的猫”，它遭遇的那个食人魔是传说中最著名的一个。这只怪物住在城堡中，威震四方，具有将自己变成其他动物的本领。精明的靴猫侠客略施小计，让食人魔自己变成了老鼠，然后趁他毫无反抗之力时吃掉了他。

在现代，食人妖和食人魔已不再那样恐怖，像“怪物史莱克”这样的故事让我们对这些奇异的巨人产生了更多同情。虽然他们常发脾气，往往难以沟通，但是他们未必像中世纪作家所说的那样可怕。

体形对比

身高：3.5米

体重：360千克

存在过的证据

无处不在的食人妖

如今到挪威或冰岛旅行，当地人会欣然地告诉你在什么地方可以看到食人妖。人们说有些山坡和岩石是石化的食人妖，可能是因为见了日光才变成石头的，而有些外形奇特的山被认为是巨人怪的家。像其他魔幻动物一样，人们通常在各种桥梁附近发现巨人怪，当然在神话故事中，他们总出没在桥下。尤其在冰岛，巨人怪和他的表亲小精灵广受尊敬，被认为是看不到但却真实存在的好邻居。比如，在建筑工程中，人们经常为了避免伤害小精灵而改变施工方案。

这是瑞典艺术家约翰·鲍尔的一幅画作，表现了一个风尘仆仆、行色匆匆的食人魔。

分 布

食人妖生活在冰岛以及瑞典和挪威等斯堪的纳维亚地区。而食人魔通常在中欧和西欧的故事中出现。

雷金纳德·诺尔斯的这幅画表现的是一个体态较小且难以捉摸的斯堪的纳维亚食人妖亚种。

历史记录

公元 500 年

约1000年
关于食人妖的记载出现在了早期挪威的史诗中。

公元 1000 年

约1190年
法国诗人克雷蒂安·德·特罗亚在他的诗中首次提到了食人魔。

公元 1500 年

约1695年
夏尔·佩罗将各种法国神话故事编写成童话集，在他写的《鹅妈妈童谣集》中就有几处对食人魔的描写。

公元 2000 年

2004年
冰岛新的工业开发项目在获得施工批准之前，仍然要对工地是否有小精灵进行审核。

现 今

分布

西方龙主要出现在欧洲，但是远在遥远的非洲和北美洲也有人见过它们。

西方龙

世界上所有的奇幻动物中，龙也许是最著名的，当然也是最威严的。世界上有两种完全不同的龙：凶猛的像恐龙一样的西方龙；性情更加温和、像蛇一样的东方龙，或称中国龙。西方龙以高智商（据说有些龙会说话）和能喷火等本领而闻名。它们也有一些恶习，至少在中世纪时它们还在囤积财宝和绑架当地少女。

喷火的龙

有人推测，这种龙的胃部经过进化可以产生和储存可燃的沼气，用其牙齿打出火花可将气体点燃。不过从没有人走近这种龙看个究竟！

安全距离

警告：采取紧急躲避行动——喷出的火焰极度危险！

栖息环境 龙一般栖息在偏远山区的深洞中。
是顶级的食肉动物，因此它们需要一个大的生存
境。

食物 现代人们听说过的龙大多似乎只以家畜
野生动物为食，但是在民间传说中，它们是臭名
著的食人龙。

历史记录

约428年	威尔士国王沃蒂根在他位于迪纳斯艾默瑞斯的城堡施工的地基中发现有红、白两条龙在争斗。
1513年	列奥纳多·达·芬奇创造了龙狮之战的素描作品。
约1905年	一系列目击龙的事件席卷美国。

公元 500 年 公元 1000 年 公元 1500 年 公元 2000 年 现 今

寻踪觅迹

如今人们很难见到龙，或者说，那些见过龙的人无法活着回来讲述他们的经历。一些龙的爱好者认为，大部分幸存下来的龙都在很深的洞穴中冬眠，会在将来的某个时刻醒来。

潜在危险：极高

龙是非常危险的动物——以肉为食、智商高、会喷火而且体形巨大，因此接近它们时要极其小心。幸运的是，它们很懒惰，通常大部分的时间都在睡觉。

体形对比

体长：6米

翼展：12米

体重：6500千克

双足飞龙

在北欧，特别是在英国，双足飞龙是一种常见的神话怪兽，外形像龙，但与龙又有着显著差别。最明显的是，它们有两条腿，像蝙蝠一样，翅膀是强壮胳臂的延伸，而四足恐龙的翅膀长在背上。双足飞龙通常没有真正的龙聪明，也没有喷火的本领，但是有些亚种能够呼出毒气，而且都长着利爪和带毒刺的尾巴。

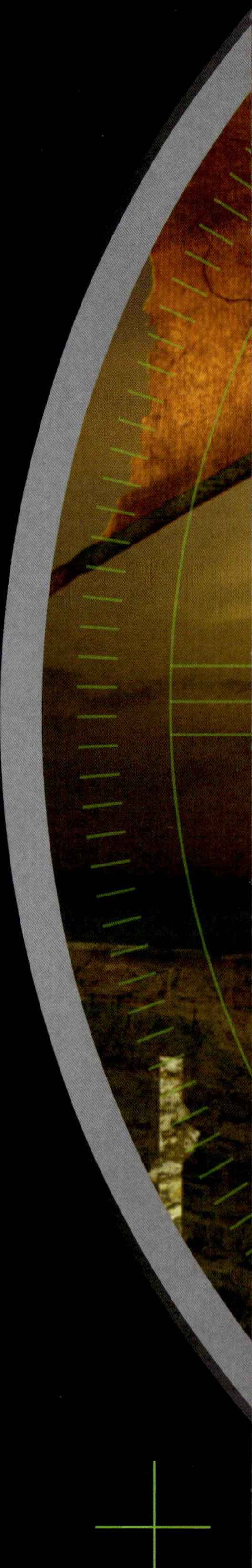

传 说

龙还是双足飞龙?

中世纪时，龙和双足飞龙这两个词是互用的。只是到了16世纪，人们才将四足龙和双足飞龙分开命名。

莫迪福德怪兽

也许关于双足飞龙最著名的传说就是发生在英国赫里福郡莫迪福德村的故事。很久以前，当地的一个女孩发现了一条龙宝宝，她秘密地将它养大，而这条龙后来让整个村子陷入了恐慌。一位死刑囚犯承诺，只要能让他重获自由，他愿意与龙一战，虽然最终龙被打败了，但是他也因为吸入双足飞龙呼出的毒气而死去。

999790790.789.7

分 布

与龙不同，双足飞龙似乎只在欧洲西北部地区，特别是不列颠群岛以西的地区生活。

栖息环境 像身躯较大的龙类一样，双足飞龙喜欢有散养家畜的偏远地区。它们也经常出现在河流附近。

食物 双足飞龙是食肉动物，捕食兔子和羊羔这类小动物，偶尔会以牛甚至人为食。

潜在危险：高

双足飞龙是飞行速度快并且机敏的食肉动物，这样的本能弥补了它先天智力的不足——小心为妙!

体形对比

身高：2.1米
翼展：4米
体重：130千克

寻踪觅迹

与龙相比，体形较小的双足飞龙有着更加宽敞的栖息环境。虽然有证据表明它们夜复一夜按照同样的路线出去捕猎，但是它们未必就只有一个巢穴。

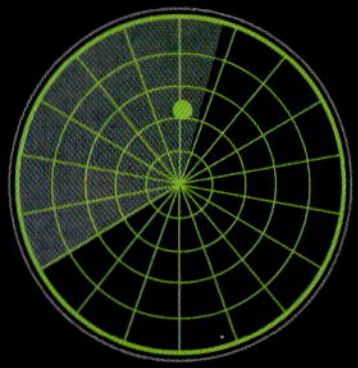

安全距离

目标准备起飞——保持警惕并准备使用防毒面具!

1066年

贝叶挂毯上显示了英国哈罗德国王的标准双足飞龙纹章。

约1470年

意大利艺术家保罗·乌切洛在他著名的画作《圣乔治和龙》中描绘了一条双足飞龙。

1848年

作家J. D. 德夫林写下了不朽之作——莫迪福德村双足飞龙故事。

起源于法国

一般认为双足飞龙这个词起源于古法语，意为亚龙。法国有许多关于这些龙的传说，因此，可能它们最初出现在法国，后来迁移到了周边国家。

圣乔治和龙

圣乔治打败的那条龙也许是所有的龙中最有名的一条。这个故事出自一个流传久远的基督教传说，十字军东征胜利后，骑士们将故事传回了西欧，如今人们一听到这个故事，就会想到家喻户晓的圣乔治。

大约1260年，意大利牧师雅各布斯·德·沃拉希内撰写的《金色传奇》成了中世纪的一部畅销书，正是这部作品让圣乔治与龙战斗的故事在当今广为流传。《金色传奇》是一部圣徒传记集，文章采用了十分夸张的描写手法，收录了大量早期作家充满丰富想象的故事，其中就包括早已家喻户晓的圣乔治的传说。

相传，公元3世纪后期，一条毒龙在利比亚昔兰尼镇的大湖边安家，它的毒液污染了河水，还让饥荒蔓延到整个周边的乡村地区。起初，这里的人靠每天送一只羊来安抚这条龙。但是，这条龙越来越肆无忌惮，而羊群的规模逐日缩小，当地人最后做出了可怕的选择——将他们的孩子供奉给这条龙。每天都要抽签，不幸被抽中的孩子就会被送到湖边。然而，有一天，国王的女儿被选中。国王恳求民众，只要能放过公主，愿意将自己的财富赠送给他们。但是人们没有接受，因此这位年轻的公主也被送到了湖边。

从土耳其归来的罗马基督教骑士圣乔治恰巧骑马从湖边路过，遇到了听天由命的公主。龙从水中一跃而出，圣徒骑士在胸前画了个十字，然后手持长矛冲向了这只怪兽，刺伤龙后，在公主的帮助下将其降伏。两人随后将龙带回了昔兰尼，圣乔治向当地人布道，承诺如果人们皈依基督教，就将龙杀死。据说，在龙死去的地方涌出了可以治病的泉水，后来人们在这个地方建起了一座教堂。

随着后来圣乔治官方传记内容的不断充实，关于龙的这部分传说似乎成了一个独立的故事。圣乔治与龙的故事与其他龙的传说有许多共同之处——特别是珀耳修斯和安德洛墨达的故事。当然，主要的区别在于珀耳修斯赢得了安德洛墨达的爱情，而圣乔治却在戴克里先皇帝迫害基督徒的过程中殉道。

那么这条龙究竟又是一种什么龙呢？从故事中我们真的无从判断这是什么种类的龙，但是它与无翼亚种巨龙（见第54页）有许多共同之处，比如它喜欢靠近有水的地方，而且会用毒液污染当地的水源。

传　说

艺术作品中的圣乔治

圣乔治和龙的故事自诞生以来，激发了无数艺术家、诗人和作家的想象。这条龙以真正的龙、巨龙和双足飞龙等多种形态出现在艺术作品中，而这个故事一直被人们口口相传（有时甚至龙是故事的主角）。

名垂千古

圣乔治与龙的传奇故事让他成为圣徒中独一无二的英雄人物，许多地方把圣乔治作为守护神，包括英国、希腊、西班牙（阿拉贡和加泰罗尼亚）、葡萄牙和俄罗斯，现在莫斯科还竖立着他的雕像（见下图）。

98509.098.08e83r93.00/43740.9-93776767-------278969074987.97979.08735_2799

体形对比

体长：6米

体重：2000千克

这是意大利文艺复兴时期艺术家保罗·乌切洛两幅《圣乔治和龙》画作中的一幅。在另一幅作品中，这条龙被画成了双足飞龙。然而，在这两幅画中龙的翅膀上都有圆形的斑纹——画家是否根据同一个目击者对龙的描述而创作了这两幅画呢？

分 布

圣乔治和龙的故事发生在北非利比亚昔兰尼附近的地区。

历史记录

0

303年 圣乔治因他的信仰被戴克里先皇帝处死。

公元 500 年

约1100年 十字军东征骑士从圣地返回，带回了圣乔治和龙的故事。

公元 1000 年

1260年 《金色传奇》中收录了若干圣徒的故事，圣乔治的故事就是其中之一。

1300年 圣乔治在中世纪具有极高的声望，逐渐成为很多地方的守护神。

公元 1500 年

1470年 保罗·乌切洛创作完成《圣徒和龙》的著名画作。

现 今

分　布

巨龙传说在整个北欧家喻户晓，但是人们经常将巨龙与西方龙混淆。

巨　龙

整个欧洲，特别是在德国、北欧国家以及不列颠群岛北部地区都流传着巨龙的传说，虽然巨龙与威严的西方龙有着密切的联系，但是它不会飞。巨龙尽管像西方龙一样长着四条腿，但是不会喷火，而是会产生有毒气体。巨龙通常生活在有河流和井的地方，幼年在水中度过，一生都不失它们对水的依赖和喜爱。尽管关于它们的传说广为流传，但是“巨龙”与“西方龙”这两个单词在一些地方是通用的，结果造成了混淆。

传　说

兰姆顿与巨龙

几个最著名的巨龙传说都发生在英格兰东北部。其中就包括兰姆顿与巨龙的故事。相传有个叫约翰·兰姆顿的富家子弟，少不更事，刚愎自用。某个礼拜日他没去教堂做礼拜，而是去钓鱼。他抓到了一只奇怪的像蝾螈一样的动物，嘲笑这怪物是魔鬼，然后将它扔到了当地的水井中。而这只怪物产生的毒物污染了这口井。多年后，这个动物变成了庞然怪兽，劫掠家畜，伤及无辜。此时的约翰早已长大成人，成了一名英勇的骑士，从十字军东征凯旋的他发誓要打败这条巨龙。约翰身穿钉甲衣保护自己，因此当怪兽试图压死他的时候，却被扎得遍体鳞伤，最终约翰战胜了这条巨龙。

安全距离

目标不动但警觉——保持安全距离！

栖息环境 尽管龙这种动物喜欢待在远离人类的地方，但是人们经常会在有人居住地区的郊外发现巨龙。

食物 据说巨龙以小羊或牛这类家畜为食，偶尔那些不留心靠近它的小孩也会成为它的腹中物。

变形巨龙

奇怪的是，人们经常会听到巨龙变形的故事。最典型的就是诺森布里亚王国流传的“班布拉峭壁的莱德利龙”的传说。故事讲述国王的女儿被她邪恶的继母变成了一条巨龙，而只有哥哥的吻才能破解这个诅咒，但从国外归来、不明真相的哥哥却决意杀死这条巨龙。

寻踪觅迹

人们通常看到的都是水生形式的巨龙幼体。如今，完全长成的巨龙已经很少见了，可能是现代人类兴建了越来越多的供水设施——相对自来水系统，巨龙更喜欢井水！

历史记录

公元500年

约820年 威名赫赫的维京战士朗纳尔·洛德布罗克在瑞典戈特兰打败了一只巨龙，从此威名远播。

约1000年 斯堪的纳维亚英雄贝奥武甫与巨龙的战斗被载入了古英语史诗中。

公元1000年

约1290年 冰岛沃尔松格传说讲述了一个名叫法夫纳的守财奴的故事。法夫纳是个侏儒，为了更好地看护自己囤积的金子，将自己变成了一条巨龙。

公元1500年

约14世纪初 这个时期可能诞生了兰姆顿与巨龙的故事。

公元2000年

现今

潜在危险：高

尽管巨龙不像西方龙那样好动或凶猛，但是它们仍是奔跑快速的食肉动物，应该谨慎应对。触摸幼小的巨龙时也应小心，因为这些像鳗鱼一样的小动物会狠狠地咬你一口。

体形对比

身高：3米
体长：8米
体重：4000千克

独角兽

高贵而又难以捉摸的独角兽也许是人们最喜爱的一种奇异动物。自有人类历史以来，就有关于这种独角神奇动物的传说。一般来说，独角兽外形像马，但与普通马有着明显的区别，它们不但额头的正中间长着长角，而且长着胡须和分趾蹄。虽然独角兽不具备许多凶猛动物的野性，但是在各种文化中，人们一直视它们为无法驯服的动物，是力量的象征。

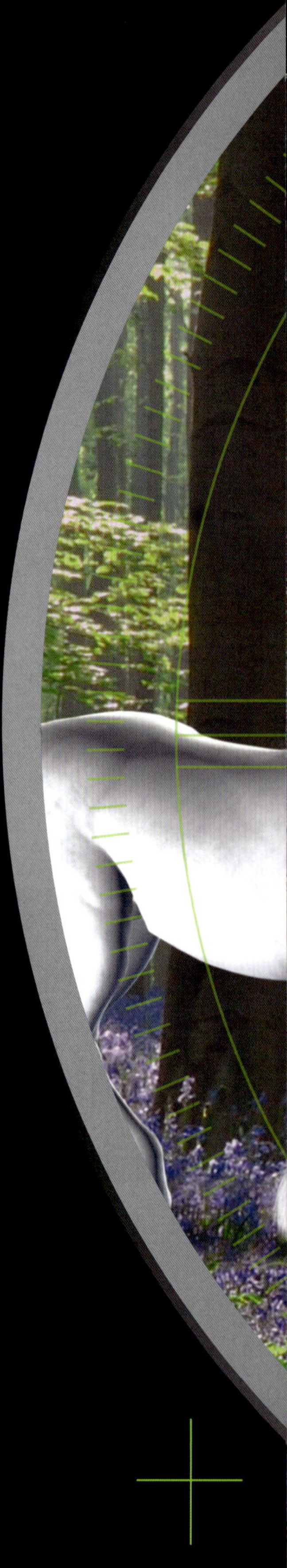

存在过的证据

独角兽的历史记载

大约在公元前2500年的印度，曾经盛极一时的神秘印度河谷文明有过对独角兽的最早描述。独角兽在圣经、东方神话以及各种希腊、罗马自然史著作中也占有重要的地位。

兽角和骨骼

在中世纪，欧洲有一种有利可图的贸易，贩运遥远北海岸的“独角兽兽角”。为了获取兽角，人们长途跋涉，历经千难万险来到遥远的北方。后来人们才知道，事实上被贩卖的只不过是独角鲸的长牙。1663年，德国人奥托·冯·格里克试图复原出一只独角兽的骨架，不过却误用了猛犸象的化石和犀牛骨。

999790790.789.7

分布

尽管独角兽难以捉摸且十分罕见，但是人们仍然认为这种怪兽广泛地分布在整个欧洲和大部分亚洲地区。

栖息环境　大多数独角兽在森林深处独居。它们似乎不群居，但是它们交配时会短暂地出双入对。

食物　独角兽看起来以各种森林植被为食。传说中，草药和树皮可以让它们活几个世纪。

潜在危险：中

独角兽表面上没有攻击性，它们会避免与人群遭遇，但是如果受到围堵也会尥蹶子。

体形对比

身高：2米

体长：3米

体重：400千克

寻踪觅迹

独角兽是一种捉摸不定、难以追踪的动物。不过人们一眼就能认出它们的分趾蹄留下的足印。传说只有圣洁美丽的少女可以让独角兽感到安全。

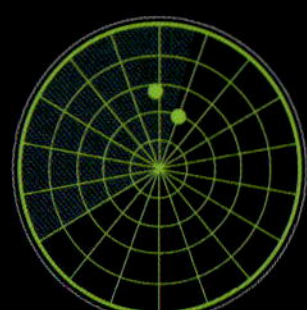

安全距离

目标温顺但全副武装且容易受惊——避免惊扰。

神奇宝物

人们认为独角兽的角可以解毒，而且还有其他功效。正是这个原因刺激了中世纪的兽角贸易，这对独角兽是个坏消息，而对于独角鲸来说甚至更糟。

历史记录

公元前3000年

约公元前2500年

最早的独角兽画像出现在印度河谷。

公元前2000年

公元前1000年

约公元前500年

希腊医生克特西亚斯将独角兽描述成一种印度动物。

0

公元1000年

1298年

马可·波罗误将犀牛当成了独角兽，并记录在他的游记中。

公元2000年

现今

塔佐蠕虫

有一种栖息在瑞士阿尔卑斯山高原牧场的奇怪动物，经常埋伏在暗处捕食兔子和毫无提防的家畜。这就是塔佐蠕虫，是当地酷似龙的一种蜥蜴，后部像蛇一样没有后肢，只有强壮的前肢，而且长着猫一样的头。尽管长成了如此怪异的形状，但是它能跳出极远的距离对猎物发起攻击。当地农民知道这个怪物的存在已经有几个世纪了，但是这个动物奇异的外形还是让许多神秘动物学家大惑不解。

存在过的证据

专家深信不疑

20世纪30年代，研究人员收集了大约60位目击者的证词。这些人都说塔佐蠕虫并非传说，而是实际存在的动物。几个博物学家和科学家曾亲身遭遇过塔佐蠕虫（见右图），但是近年来目击事件越来越少了。

四肢退化了的蜥蜴?

一种最流行的观点认为，塔佐蠕虫也许是一种叫作蛇蜥的稀有类型蜥蜴。从表面上看，它们是蛇一样的爬行动物，在漫长的进化过程中为了更快地钻进地下而四肢退化。当然，塔佐蠕虫挖洞的习性支持这种说法，但是它体形巨大，具有攻击性，还有强壮的前肢又让这种观点无法自圆其说!

999790790.789.7

分　布

塔佐蠕虫有几个不同的名字。人们在横跨瑞士、奥地利和德国南部的阿尔卑斯山上可以发现这种怪物。

栖息环境　塔佐蠕虫似乎大部分时间待在地下，因为在大树下睡觉经常会受到惊扰。

食物　这些怪物通常以兔子这种体形较小的野生哺乳动物为食，但是有机会它们也捕食警惕性不高的家畜。

潜在危险：高

塔佐蠕虫因受惊扰而攻击毫无防备的人类的故事屡见不鲜，而且当地的传说中，它们能呼出毒烟。

体形对比

体长：3米

体重：100千克

寻踪觅迹

塔佐蠕虫的各种名字之中，有一个叫“洞穴蠕虫”，实际上，寻找这种动物的最佳地点就是洞穴、空洞和其他隐蔽的地方。它僵直地躺着时，会被轻易地当成掉落的树枝或原木。

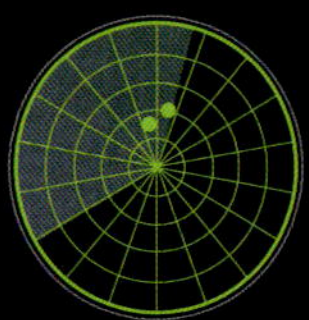

安全距离

目标神情呆滞但是极具攻击性——保持安全距离!

身藏剧毒

1717年，约瑟夫·舍雷尔被一只塔佐蠕虫攻击，根据他的详细描述，杀死这种脾气暴躁的动物相当容易，但是它身上的毒血溅在他皮肤上造成了严重的红肿。

历史记录

公元1500年

公元1600年

1717年

植物学家约瑟夫·舍雷尔和他的儿子在采草药的时候被塔佐蠕虫攻击。

公元1700年

1828年

一位农民发现了只剩下骨骼的塔佐蠕虫，当地的专家无法确定这是什么动物。这具尸骸在运往海德堡大学的路上丢失。

公元1800年

1929年

一位奥地利小学校长遭遇了塔佐蠕虫，他确信这是某种类型的蝾螈。

公元1900年

1934年

一位名叫巴尔金的瑞士摄影师拍了一张他称之为“塔佐蠕虫”的照片，但许多专家持怀疑态度。

公元2000年

现今

分　布

古罗马作家老普林尼笔下最早的蛇怪出现在北非，但是鸡身蛇尾怪的分布似乎只局限在西欧。

鸡身蛇尾怪

鸡身蛇尾怪和它的近亲无翅蛇怪都是长着龙身和鸡头的怪物。它孕育在公鸡下的蛋中并由蟾蜍孵化，据说这种动物能通过它可怕的目光或喷出毒气将它遇到的人变成石头。据说，9世纪中期，在罗马教堂下发现的一个鸡身蛇尾怪让空气变得污浊不堪，毒死了许多人。大多数动物也都躲它远远的，而小鼹鼠对这种毒气具有免疫力，而且会勇敢地主动发起攻击。鸡身蛇尾怪最终也许会被鼹鼠狠狠地咬死。

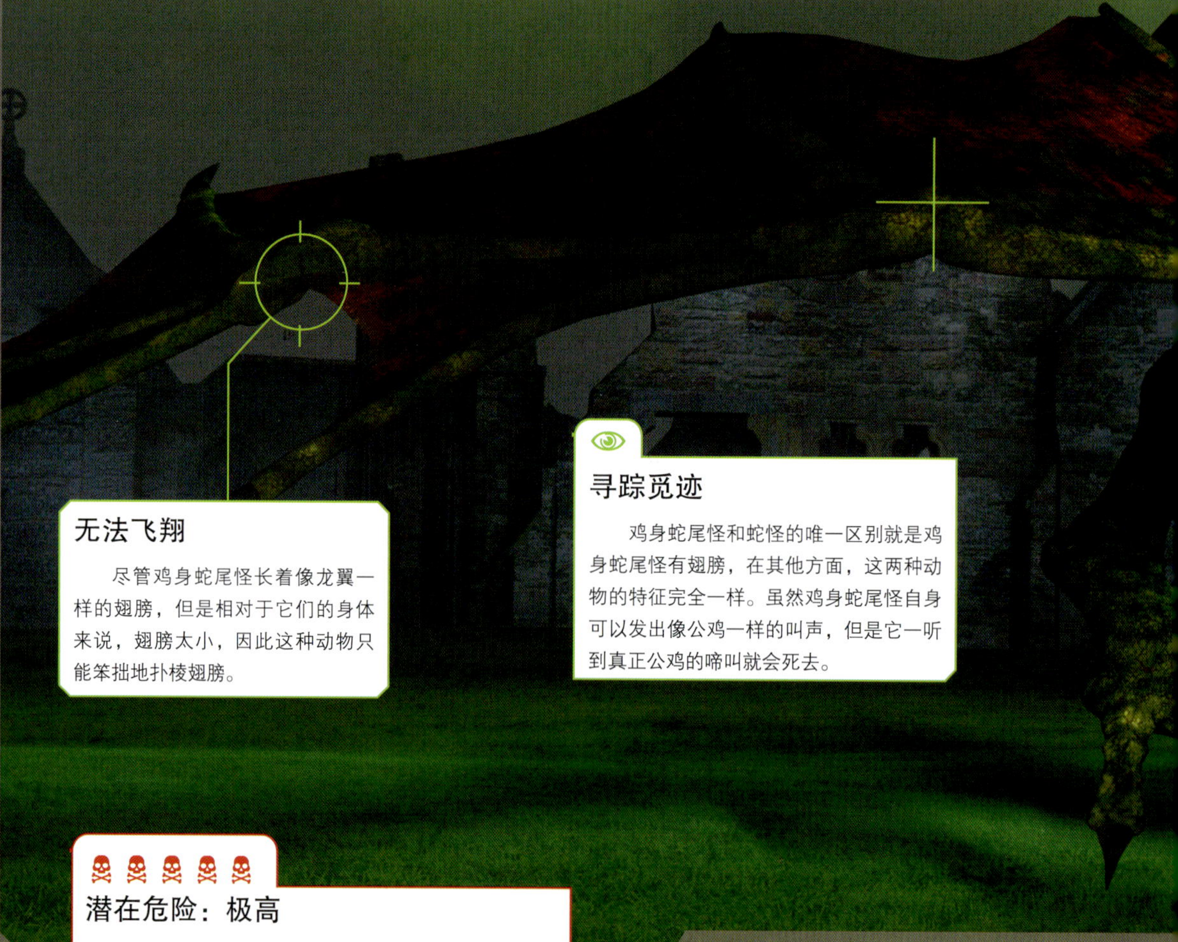

无法飞翔

尽管鸡身蛇尾怪长着像龙翼一样的翅膀，但是相对于它们的身体来说，翅膀太小，因此这种动物只能笨拙地扑棱翅膀。

寻踪觅迹

鸡身蛇尾怪和蛇怪的唯一区别就是鸡身蛇尾怪有翅膀，在其他方面，这两种动物的特征完全一样。虽然鸡身蛇尾怪自身可以发出像公鸡一样的叫声，但是它一听到真正公鸡的啼叫就会死去。

潜在危险：极高

鸡身蛇尾怪外表冷酷，是个十足的杀手，要尽可能地避免接触。一旦遭遇鸡身蛇尾怪，确保不要直视它的眼睛。一种试验过并证明有效的防卫方法就是让它看到镜子中的自己，因此最好随身携带一面镜子。

安全距离

警告：目标古怪且具有攻击性——避免目光接触并撤退！

栖息环境 在潮湿的环境下孵化，鸡身蛇尾怪喜欢待在地下室和地穴中，特别是教堂的地下。

食物 鸡身蛇尾怪是邪恶的食肉动物，它们嗜杀成性，吃所有的动物，是肉不挑。

历史记录

- **850年** 罗马圣卢卡教堂下面的鸡身蛇尾怪放出有毒气体，一些人被毒死。
- **1180年** 英国学者亚历山大·尼卡姆在一部关于自然史的著作中描写了鸡身蛇尾怪。
- **1538年** 惠韦尔鸡身蛇尾怪可能孵化于这一年。
- **1733年** 英国坎布里亚郡的伦威克教堂的重建过程中，在建筑工地中出现鸡身蛇尾怪。

公元500年 — 公元1000年 — 公元1500年 — 公元2000年 — 现今

传 说

惠韦尔鸡身蛇尾怪

有一个关于鸡身蛇尾怪最著名的故事，发生在英国汉普郡惠韦尔小修道院。有一只胡作非为的鸡身蛇尾怪被囚禁在了小修道院的地下室内。曾经有好几位骑士要杀死这只怪物，结果反被这个凶猛的怪兽所杀害。最后，一位雇工想出了一个主意，将一面镜子放在了地下室中。鸡身蛇尾怪误以为镜子里的自己是另一个同类，就持续地与镜子战斗了数个小时。最终，这位雇工亲自下到地下室中，用长矛杀死了这个精疲力竭的怪物。

体形对比

身高：2.5米

体长：3.5米

体重：300千克

精灵

有一种古老的观点认为，我们的周围有一些人类无法看到的生命，它们只是偶尔与我们接触。在东方的神话传说中，神怪就是这样一种神灵；在欧洲有顽皮且威力强大的精灵，我行我素，生活在魔幻的世界中，遵循着自己的道德规范。与这些捉摸不定的神灵讨价还价，必将自食其果。

“精灵”这个词起源于古语，意为“命运”，不过它们还有许多别的名字。有人说根本就不应该用真名称呼它们，宁愿叫它们“小仙子”“小精灵”或其他美称。

这么说也是有原因的，因为精灵也有阴暗的一面——偶尔喜欢嬉戏的它们有时也会表现出自私和怨恨。它们常常以美丽的外表和晶莹剔透的翅膀展现在世人面前，比如柯亭立精灵照片中的形象。但是从威廉·莎士比亚到理查德·达德这些作家和艺术家，都将它们描绘成更阴险有时甚至是古怪的生命。

那些与精灵打交道的人必须遵循严格的规则——许多神话故事都有关于精灵们的“慷慨法律”的描述，触犯法律的人会遭受苦果。在这些案例中，精灵的馈赠往往带来不愉快的后果。以苏格兰诗人托马斯为例，他拒绝了仙境女王的求婚，结果发现自己受到了无法说谎的诅咒。

精灵看起来娇小可人，但是实际并非如此，因为它们都掌握一种叫作“魔法”的巫术。当咒语解开的时候，精灵丰盛的宴席就会变成一堆杂草，而精灵的金器就成了生锈的马蹄铁。

有些人也曾亲自到过仙境做客，但是在拜访过程中发生了意想不到的事情。仙女世界的时间似乎与人类的不同。曾经有个牧羊人，在仙境中享受了几年的奢华生活，不料回家后竟发现仅仅过了几分钟。相比之下，古不列颠国王埃拉在仙境尽情地享受了三天，回来时发现英格兰已经被征服，他的王国早已不在，已经过去了两个世纪。

那么精灵到底是什么？一些人认为，它们可能是某种“族群记忆”。公元前的第一个千禧年时，凯尔特民族遍布欧洲，在他们之前打下基业的祖先建造了常常被后人视作精灵城堡和神殿的纪念物，然而在世代相传中，凯尔特人曲解了祖先流传下来的故事。

还有一些人指出，古老的精灵传说与现代遭遇外星人的故事有许多共同之处：可能精灵就是外星人，或者是人们在不同的时代看到了不同形式的超自然生物。抑或它们显现的就是它们真实的样子——藏在人们看不到的地方而且喜欢搞恶作剧的小人儿。

存在过的证据

柯亭立精灵

1917年，在英国的布拉德福德附近，小女孩埃尔希·赖特和她表妹弗朗西斯·格里菲斯拍了一张著名的精灵照片，也许这是证明精灵存在的“最后”证据。这些照片后来引起了不小的轰动。一些人说这些照片只不过是巧妙的伪造，然而还有一些人（其中包括创造了夏洛克·福尔摩斯的作家亚瑟·柯南·道尔爵士）称这些照片是超自然生命存在的证据。关于这些照片真伪的争论一直持续到了1981年，这对表姐妹最终承认大部分的照片是伪造的。然而，她们仍然坚称，最后一张照片是真的，而且她们确实见过真正的精灵。

体形对比

身高：30厘米

体重：无实体

历史记录

公元 1000 年

约1150年 威尔士蒙默思郡的历史学家杰弗里记述了亚瑟王宫廷中的一位名叫摩根勒菲的女巫。

约1250年 可能在这一年诗人托马斯遇到了精灵。

公元 1500 年

约1595年 威廉·莎士比亚在《仲夏夜之梦》中描写了淘气且有时阴险的精灵。

约1855—1864年 画家理查德·达德在精神病院中用了10年时间创作了《樵夫的高招》。

1920年 柯亭立精灵照片问世，在全世界重新燃起了人们对精灵的兴趣。

公元 2000 年

现 今

在英国的维多利亚女王时代，有关精灵的油画很受欢迎。虽然大多数油画中的精灵都是美丽、梦幻的小生命，但是正像理查德·达德在画作《樵夫的高招》中所描绘的那样，一些画家在画作中展现了精灵较为阴暗的一面。

分 布

精灵的传说整个欧洲都在流传，但类似精灵的神奇故事则全世界都有。

分　布

世界各地的民间传说中都流传着顽皮精灵的故事。然而，小魔怪的故事诞生于20世纪的英国。

小魔怪、小精怪和小妖精

精灵的表亲是不太讨人喜欢、形态各异的小生灵，在民间传说中，它们纵情于恶作剧和制造混乱。小精怪和小妖精的传说故事可以追溯到很久以前的中世纪，它们以搞一些不太高明的诡计为乐，比如藏些贵重物品和让旅行者迷路。小魔怪似乎是近代的产物——它们对现代的机器和电子设备着迷，尤其对飞行器感兴趣。

存在过的证据

飞机上的小魔怪

第二次世界大战期间，英国皇家空军飞行员深信在飞机上有一种叫作小魔怪的淘气动物，飞机上偶尔发生的无法解释的故障就是它们干的。最后，飞行员们甚至将小魔怪当成飞机的吉祥物。这种喜欢在机械设备上搞恶作剧的新精灵亚种的消息很快传遍了世界，这要部分地归功于作家罗尔德·达尔同名小说《小魔怪》的畅销。小魔怪这个词可能起源于爱尔兰语“脾气暴躁的小人”。

寻踪觅迹

这些生灵很少完整地展现它们真实的面目，不过它们有时会以跳动的光球（所谓的鬼火）出现。它们也可以有选择性地只让一部分人看到。

安全距离

警告：系统故障——重新启动并撤离！

999790790·789·7

栖息环境 小精怪和小妖精是乡下很常见的生灵，它们往往在乡间小路和偏僻房舍附近孤零零地游荡。小魔怪对所有科技事物感兴趣，而且对现代城市了如指掌。

食物 作为一种超自然的生灵，这些淘气鬼不需要食物。

小魔怪体貌

与完美的精灵相比，小魔怪外形简单，它们的身体通常是粗糙、粗陋的，就像童话故事中的小妖精。

历史记录

1922年 按照民俗学者约翰·哈森的说法，这一年首次出现了小魔怪的名称。

1929年 一本飞行员杂志首次把小魔怪变成了文字。

1940年 英国皇家空军摄影侦察部队的空勤人员将小魔怪作为吉祥物。

1942年 罗尔德·达尔在华盛顿任空军武官，他创作的故事首次将小魔怪介绍给了世人。

造成严重破坏

像许多其他超自然现象一样，小魔怪可能具有某种电磁场，会对精密的电子仪器造成影响。

潜在危险：中

虽然这些形态各异的小妖精不能直接对有形生命造成伤害，但是它们顽皮古怪，尤其对机器设备着迷，会造成破坏性的后果。

体形对比

身高：30厘米

体重：无实体

分　布

世界各地都有幽灵狗的传说，然而黑犬兽的故事在不列颠群岛尤为常见。

黑犬兽

几个世纪以来，英国的某些地方一直有传说中的黑犬兽出没，这种犬怪经常被视作死亡的预兆或与魔鬼有关。迄今为止，最有名的黑犬兽就是“巴斯克维尔的猎犬”。它在夏洛克·福尔摩斯的故事中首次出现。该故事根据英格兰西南部达特穆尔高原一位猎人的传说改编。据说猎人的鬼魂在一群魔犬陪伴下游荡。在其他地方，这只魔犬还有各种不同的名字。在英格兰东部，它叫黑夏克；在北部，它叫吉忒拉须。但是无论这些魔犬出现在何处，都会让遇到它们的人胆战心惊。

寻踪觅迹

往往还没听到黑犬兽的哀号或脚步声，它们就已经出现在你的眼前了。黑犬兽在普通的动物中很显眼，因为它们有一双发光的眼睛，而且来无影去无踪。

存在过的证据

邦吉镇的黑犬兽

1577年8月4日，在英国萨福克郡的邦吉镇教堂出现了一只恐怖的黑夏克，这一事件后来被记载在了一本小册子中（见右图）。当时会众正在做周日祷告，一声巨雷在教堂周围炸响，教堂的大门猛然被吹开，凶猛的黑犬兽闯了进来，随意攻击，有两人被咬断脖子而死。黑夏克来得快去得也快，肆虐教堂之后，便立刻消失了。就在同一天，黑夏克在布莱斯堡教堂再次出现。如今人们仍然能看到它在教堂大门上留下的焦痕。

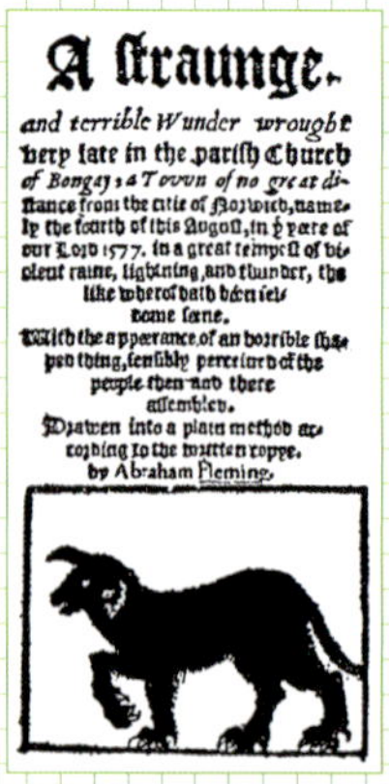

A straunge. and terrible Wunder wrought very late in the parish Church of Bongey, a Town of no great distance from the citie of Norwich, namely the fourth of this August, in ye yeare of our Lord 1577, in a great tempest of violent raine, lightning, and thunder, the like whereof hath been seldome seene. With the apperance of an horrible shaped thing, sensibly perceived of the people then and there assembled. Drawen into a plain method according to the written copye. by Abraham Fleming.

潜在危险：高

虽然也有一些关于友好、无恶意的黑犬兽传说，但是在大多数民间传说中，它们是危险的动物。有些黑犬兽比如黑夏克，虽然也会直接伤人，但更多是成为死亡的预兆，反复遇到它们预示着死亡即将来临。

安全距离

目标突然出现——保持冷静并撤离！

010011101
..10011101
010000

栖息环境 像许多超自然的动物一样，黑犬兽经常在溪流、十字路口、古道和刑场附近出现。

食物 黑犬兽是超自然的非实体动物，它们似乎不需要食物。然而，如果那些遇见黑犬兽的人心生恐惧，那么黑犬兽就会从他们的战栗中汲取能量。

与人同行

许多目击黑犬兽的报告中说，它们在夜晚乡间古道上与人并排前行。一些人认为，黑犬兽沿着古代“地脉”行走，这些神秘线横亘地表，连接起许多神秘的重要地点。

历史记录

公元1500年

1577年 黑夏克在萨福克郡的邦吉镇教堂和布莱斯堡教堂胡作非为。

公元1600年

1677年 理查德·卡贝尔是达特穆尔高原上的巴克法斯特利小镇乡绅，同时也是小说中邪恶的雨果·巴斯克维尔爵士的人物原型，他在这一年死去并开始与他的幽灵猎犬在荒野中游荡。

公元1700年

公元1800年

1893年 在英国诺福克郡的罗克兰，两位车夫遇到一只黑犬兽，一走近，怪兽就在一团火焰里爆炸了。

公元1900年

1901年 亚瑟·柯南·道尔创作了小说《巴斯克维尔的猎犬》。

公元2000年

现 今

体形对比

身高：1.2米
体长：1.8米
体重：无实体

吸血鬼

吸血鬼在人类社会的边缘小心翼翼地徘徊，它们是类人的动物，以其他动物的血为食。有些传说中说，它们实际上是人类或僵尸。虽然几乎所有的古代文明中都各有关于吸血鬼的故事，但是到了18世纪，现代吸血鬼主要分布在欧洲东南部的巴尔干半岛地区。与哥特派小说中的浪漫人物形象相去甚远，真正的吸血鬼兽性十足，脸色苍白，嗜血成性。只能用传统的保护方法遏阻它们，比如用宗教器物或大蒜这类植物，还可以用斩首或刺心脏的手段将它们处死。

传　说

吸血鬼德古拉

毫无疑问，所有吸血鬼中最著名的当属德古拉，这是作家布莱姆·斯托克于1897年创作的小说中的人物，一位罗马尼亚特兰西瓦尼亚地区的世故贵族。但是德古拉的人物原型即弗拉德三世德古拉（见右图）根本就不像小说中说的那么彬彬有礼。德古拉从1456年至1462年统治罗马尼亚的大部分地区，是个残暴的国君，他将对手和敌人钉在尖桩上，以这样的方式处死了数千人。

吸血鬼和吸血蝙蝠

布莱姆·斯托克也是第一位将吸血鬼与16世纪在南美发现的吸血蝙蝠联系在一起的作家。然而，玛雅人崇拜一种巨蝙蝠神——坎马卓兹，而且他们有属于自己的关于吸血鬼的传说。

999790790.789.7

分　布

从欧亚大陆到非洲、东南亚和美国，世界各地都流传着类似吸血鬼的传说。

栖息环境　吸血鬼通常在墓地出没，夜晚从棺材中爬出寻找猎物。

食物　吸血鬼靠吸其他动物生命的精华来维持自己的生命，通常吸食的是血液。虽然吸血鬼喜欢吸人类的血，但是也以各种动物为食。

潜在危险：极高

这些邪恶的动物动作飞快，具有超能力。吸血鬼杀人不眨眼，要小心！

体形对比

身高：约1.7米

体重：约75千克

寻踪觅迹

吸血鬼会在它们的受害者身上留下两个明显的牙齿咬痕。它们可以展现各种形态，有些能够以讨人喜欢的形态伪装自己，但是所有的吸血鬼在镜子中都没有镜像。

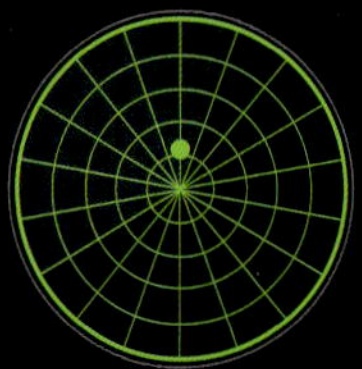

安全距离

警告：目标警觉且有攻击性——准备好防卫措施！

16390456759850 9.098.08e83r93.00/43740.9-93776767-------278969074987.97979.0873

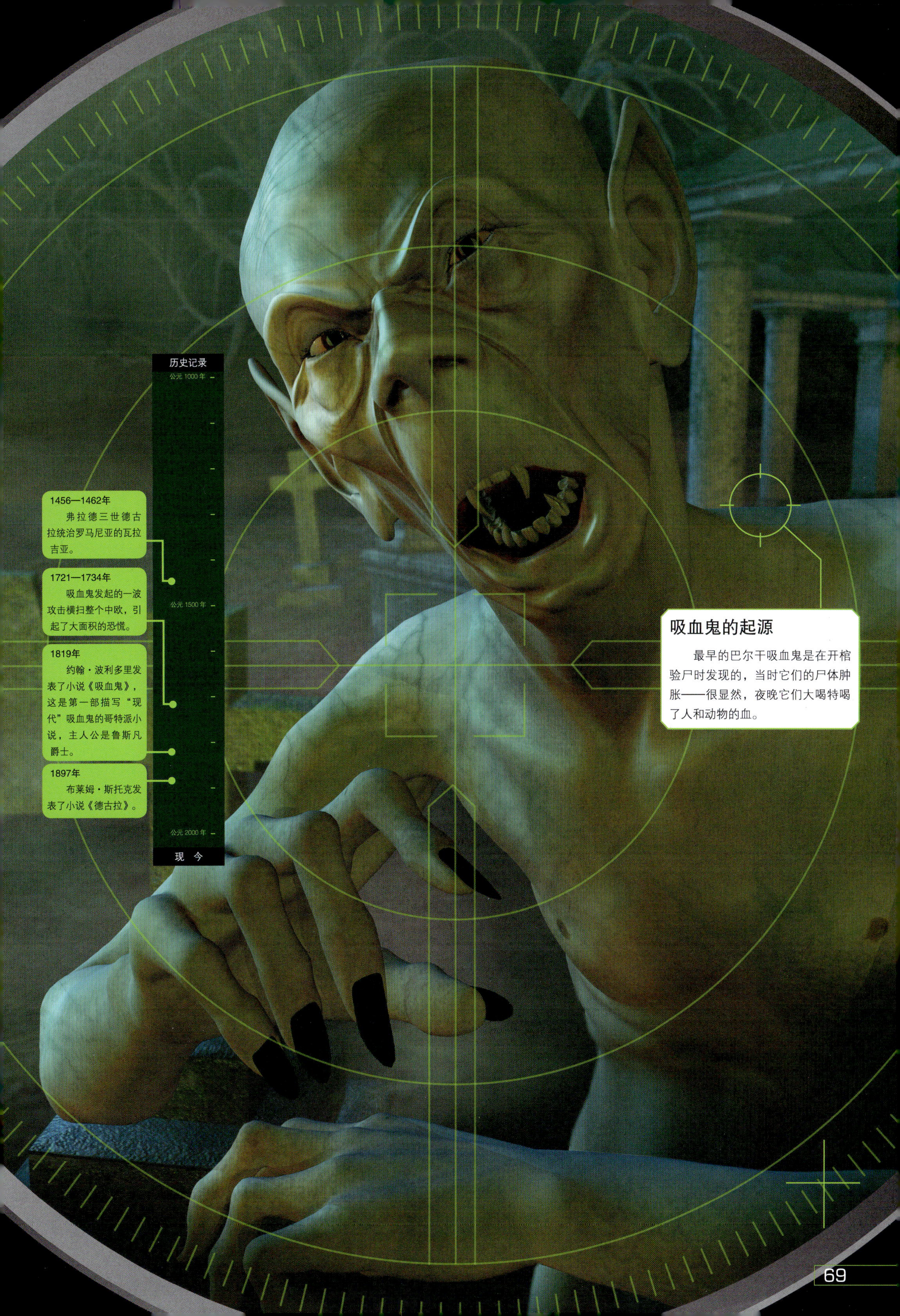

历史记录

公元 1000 年

1456—1462年
弗拉德三世德古拉统治罗马尼亚的瓦拉吉亚。

公元 1500 年

1721—1734年
吸血鬼发起的一波攻击横扫整个中欧，引起了大面积的恐慌。

1819年
约翰·波利多里发表了小说《吸血鬼》，这是第一部描写“现代”吸血鬼的哥特派小说，主人公是鲁斯凡爵士。

1897年
布莱姆·斯托克发表了小说《德古拉》。

公元 2000 年

现今

吸血鬼的起源

最早的巴尔干吸血鬼是在开棺验尸时发现的，当时它们的尸体肿胀——很显然，夜晚它们大喝特喝了人和动物的血。

对月号叫

变成狼人的方法有好几种，比如被另一只狼人咬伤，穿上神奇的动物皮，或者喝一种特制的药水。

历史记录

公元前500年 — 0 — 公元500年 — 公元1000年 — 公元1500年 — 公元2000年 — 现今

公元前440年

希腊历史学家希罗多德记述了涅乌里司人，据说这个遥远北方部族的人每9年就会变成狼。

约900年

挪威国王哈拉尔德一世雇用了一组狂战士作为随行人员，他们身披的神奇狼皮斗篷可以让他们刀枪不入。

1764—1767年

有100位法国人死于热沃当怪兽的攻击。

约1810年

据说“最后的狼人”在德国的莫巴赫镇附近被杀死。

狼　人

巨狼是人类最可怕的梦魇，数千年前这种危险的食肉动物遍布全世界，捕杀我们的祖先。但是这些狼都是真正的狼吗？有许多类似狼的动物，体形巨大，有时像人一样用后腿行走。莫非真实的情况是一些人变成了力大无比、阴险狡猾的狼？纵观历史，世界各地的民间传说中都有变狼狂，但是狼人的传说在欧洲流传尤为广泛。

存在过的证据

一朝被咬？

被狼人咬一口就会变成狼人似乎是近代才出现的一种说法。早期关于狼人的传说故事显示，他们遭受了诅咒或被施了巫术。

莫巴赫怪物

在德国的传说中，最后一个狼人是在德国法兰克福南部的莫巴赫被杀死的。据说他是1812年拿破仑进攻俄国遭到惨败的那场战役中的一名法国逃兵，在逃亡时，因饥不择食而谋杀了一位无辜的农夫，从此受到了诅咒。变成怪兽的他走投无路，后被人们杀死。为了防止狼人的回归，人们建起一座神龛，并点起了长明灯。1988年，这座神龛给驻德的美国空军上了一课。一天夜里，一队巡逻兵发现神龛的灯灭了。他们就拿这个怪物开起了玩笑，可是随后一个体形巨大、像狼一样的闯入者打破了夜晚的宁静，狗吠四起，而且它纵身一跃就跳过了高高的隔离网。

999790790.789.7

寻踪觅迹

狼人不用两条腿走路时，他的足迹与体形较大的狼没有什么区别。狼人与狼的明显区别在于他们可以大胆地生活在人类当中，但这也让他们变得更加危险。

体形对比

身高：2.5米

体长：2.5米

体重：150千克

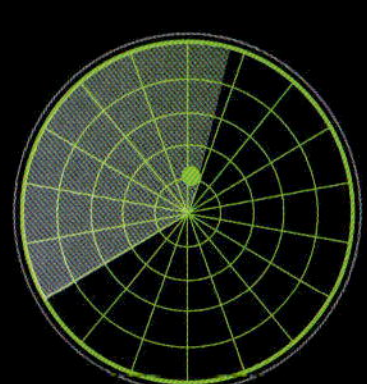

安全距离

警告：目标已经完成变形——建议退避！

分　布

在整个欧洲和亚洲可以发现各种类型的狼人，无论这些狼人的祖先是什么地方的狼，现在都已在美洲繁衍生息。

栖息环境　狼人生活在人群中，大部分时间人们无法注意到他们，只有在月圆之夜的月光下，他们才会变成凶猛的狼。以人形展现时，狼人常常无法意识到自己的本性，或者攻击人类后会深深地感到懊悔。

食物　狼人一旦变形，就会变得嗜血成性，会杀死他遇到的任何人或动物。

潜在危险：极高

这些致命的食肉动物不喜欢槲寄生和黑麦之类的植物，也很讨厌花楸树的木料。银质武器可以伤害到它们。

热沃当怪兽

在1764到1767年期间，恐怖一直笼罩着法国中部的热沃当，一只体形庞大、像狼一样的野兽——也许不止一只——在当地出没，它们来无影去无踪，但攻击人类的事情却实实在在地发生了。这种神秘的怪物肆虐当地，大概有100人死于它们口下。分别射杀了两只这样的动物之后，才不再有人死亡。在法国历史上，热沃当怪兽袭人事件是此类事件中影响最恶劣的。

1764年6月初，这种怪兽第一次从热沃当的密林深处冒出。最先声称看到这种怪兽的是朗戈涅镇一位从事农耕的妇女。当时从附近的树林中冒出一只体形庞大的像狼一样的动物，并向她冲了过来，幸亏她的牛将这个怪兽赶跑了。然而，没过几周这只怪兽就得手了，它杀死了附近莱斯胡巴克斯村的一位妇女。

从那之后，这种怪兽袭人的事件越来越频繁，也越来越血腥。不久，食人的热沃当怪兽的消息传遍了整个法国。死亡人数快速攀升，但是1765年1月，一个叫雅克·波特费的男孩与6个小伙伴成功地击退了怪兽的攻击。他们勇斗怪兽的佳话传到了路易十五的耳朵中，国王亲自下令奖励这些孩子。国王担心恐慌蔓延，人们会抱怨他的政府任怪兽横行，就向这个地方派遣了两个专业的猎狼人。

虽然除掉了几只狼，但是袭人事件仍在继续。6月，国王命令自己的御用猎人弗朗索瓦·安托万替换之前的猎人。1765年9月，安托万射杀了一只大灰狼，几个目击证人确认那就是袭人的怪兽，一时间，袭人事件不再发生了。安托万被赞誉为英雄，各种奖赏和称号也随之而来，但是故事并没有就此结束。

12月，拉贝塞尔圣马里镇的两个儿童因遭到攻击而受重伤，袭人事件死灰复燃，而且更加凶猛，导致10多人死亡。此刻，宫廷已经无心过问此事，就放任这只怪兽肆虐。直到1767年6月，当地一位叫让·沙泰尔的猎人才用猎枪杀死了这只巨大的像狼一样的动物，有人说他使用的是一颗银弹。当人们剖开这只怪兽的腹部时，在它的肚子里发现了人体残骸。人们长期的恐惧看来终于结束了。

发生在热沃当的狼袭人事件在法国其他地方也时有发生，这不是第一次也不是最后一次，但这次事件却是影响最坏和持续时间最长的一次。更久以前，狼袭击人类发生得更频繁，因为那时候的狼更多，而且人类的枪支还没让它们产生畏惧。然而，许多人一口咬定热沃当怪兽不是普通的狼，坚称人类对它们还不完全了解，它们可能是一种超自然动物。

存在过的证据

这种怪兽到底是什么？

几乎可以肯定，弗朗索瓦·安托万射杀的那只动物是一只大狼，或是一种狼和狗杂交的动物。这只怪兽的尸体经过处理后在国王的凡尔赛宫展示（见下图），很多人都见过它。不过，除了它巨大的身材之外，人们都认为它没有什么特别之处。但是在热沃当大开杀戒的不只是这种怪兽，还有第二种更加神秘的怪物。根据描述，这只怪物长着粗大的尾巴和蹄状的爪，而它的耳朵明显与狼不同。关于它的身份有多种猜测，其中包括土狼、畸形的熊、逃跑的狮子，甚至狼人。

分　布

这种怪兽只在法国中南部热沃当一个较小的山区地带出现过。

这幅画生动地展现了雅克・波特费和一群小伙伴击退怪兽的情景。

历史记录

公元1764年

1764年6月 热沃当首次发生怪兽袭人事件。

公元1765年

1765年1月 国王派猎人到该地区猎杀这种怪兽。

1765年9月 弗朗索瓦・安托万杀死了第一只怪兽，袭人事件暂时平息。

公元1766年

1765年12月 怪兽又开始肆虐。

公元1767年

1767年6月 第二只怪兽被杀死，长久以来笼罩小镇的恐怖终于散去。

公元1768年

现今

体形对比

体长：3米

体重：200千克

分　布

似乎只有苏格兰高地的尼斯湖中才有传说中的尼斯湖水怪，不过世界各地都有类似湖怪的报道。

尼斯湖水怪

几个世纪以来，偶尔会有当地人或游客声称他们在苏格兰最大的湖中看到了一个巨大的、长脖子的生物。人们亲切地称其为“尼斯湖水怪”，它已经成为世界最著名的神秘怪兽之一。这个水怪避开了许多想解开这一谜团的科学考察队。一些用假水怪欺骗世人的恶作剧让水怪更加扑朔迷离，大部分目击者对于尼斯湖水怪是何种动物持不同观点！

存在过的证据

早期的目击记录

根据7世纪的《圣高隆巴传》记载，在6世纪的后期，圣高隆巴发现尼斯河中的一只“水兽”。近代第一次目击水怪事件发生在1933年7月22日，当时游客乔治·斯派塞和他的妻子看到一只长脖子的动物穿过尼斯湖边的公路。

外科医生拍摄的照片

目前，人们普遍认为最著名的尼斯湖水怪的照片是假的。据说这张“尼斯湖水怪”的照片（见右图）是由一位伦敦的医生于1934年拍摄的，实际上，照片中水怪的头只是个雕像，下方被固定在了一艘玩具潜水艇上。

寻踪觅迹

大多数尼斯湖水怪目击者只是瞥见一个隆起物体在平静的湖面上移动，后面留下长长的涟漪。水怪的头和脖子露出水面的情景实属罕见。

安全距离

警告：目标露出水面——必须躲避！

栖息环境　尼斯湖水怪似乎大部分时间待在湖的深水中。20世纪70年代的水下探测中，在黑暗中隐约拍摄到类似头和鳍的物体，同时声呐探测器探测到水下很深的地方有一个巨大的移动物体。

食物　水怪主要以尼斯湖深水中丰富的鱼类为食。

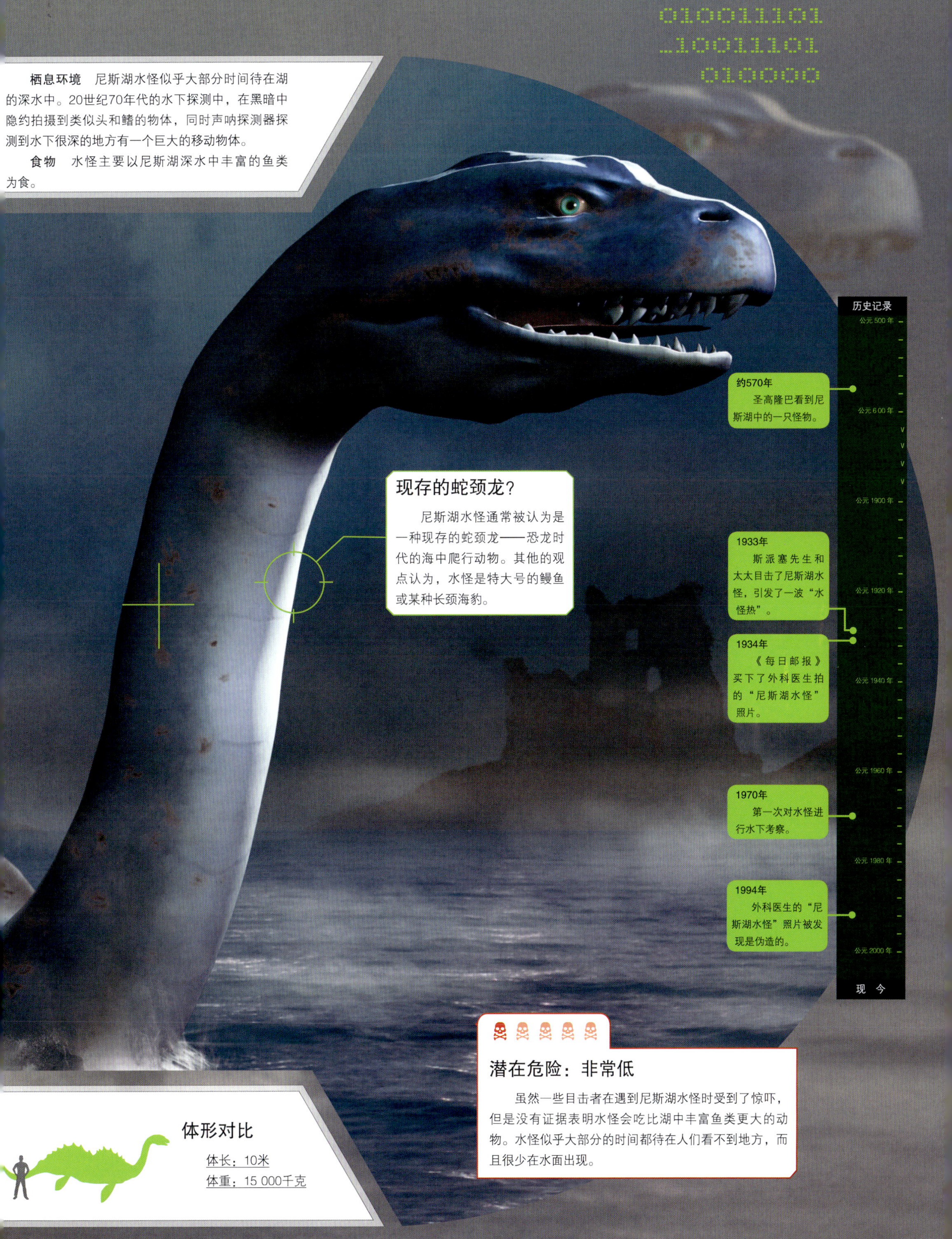

现存的蛇颈龙？

尼斯湖水怪通常被认为是一种现存的蛇颈龙——恐龙时代的海中爬行动物。其他的观点认为，水怪是特大号的鳗鱼或某种长颈海豹。

历史记录

公元 500 年

约570年　圣高隆巴看到尼斯湖中的一只怪物。

公元 600 年

公元 1900 年

公元 1920 年

1933年　斯派塞先生和太太目击了尼斯湖水怪，引发了一波“水怪热”。

1934年　《每日邮报》买下了外科医生拍的“尼斯湖水怪”照片。

公元 1940 年

公元 1960 年

1970年　第一次对水怪进行水下考察。

公元 1980 年

1994年　外科医生的“尼斯湖水怪”照片被发现是伪造的。

公元 2000 年

现今

潜在危险：非常低

虽然一些目击者在遇到尼斯湖水怪时受到了惊吓，但是没有证据表明水怪会吃比湖中丰富鱼类更大的动物。水怪似乎大部分的时间都待在人们看不到地方，而且很少在水面出现。

体形对比

体长：10米

体重：15 000千克

幻影猫

官方称，不列颠群岛只有一种野生猫——这种野猫比家养的斑猫稍大。然而，每年有许多人说他们看到了体形更大的猫科动物，体长介于美洲狮和美洲豹之间。生活在英国偏远地区的农民经常会发现残缺不全的家畜尸体，有人称是这种野猫所为。是人们错把家猫当成了野猫，还是在英国的乡下真的游荡着一种巨大的猫科动物？如果是后者，那么它们是刚从囚禁中逃出还是一种更古老的物种？

存在过的证据

帕鲁巨猫

20世纪中期以前，没有目击巨猫的报道，人们通常据此认为幻影猫是最近逃逸的大型猫科动物。不过，中世纪的威尔士流传着一个巨猫的故事，这个叫“帕鲁巨猫”的大猫在安格尔西岛胡作非为。有些专家认为，人们可能把“黑犬兽”的传说（见第66页）误读成了目击者看到了巨猫。

埃克斯穆尔猛兽

20世纪70年代以来，人们见到的幻影猫中，最著名的也许就是在英国德文郡埃克斯穆尔发现的那只。1983年，这只猫仅仅在3个月的时间里就咬断了100多只羊的脖子，从此恶名远扬。英国皇家海军狙击手在这个地区蹲守却无功而返。虽然目击报告不断，又有照片为证（见右图），但是官方最终还是得出这只野兽不存在的结论。

9997907 90.789.7

分 布

世界各地都有目击非本地动物出没的报道，但是像巨猫这种匪夷所思的动物似乎只出现在英国。

栖息环境 一般而言，幻影猫喜欢偏远的旷野和荒地，但偶尔也会误入人类居住区。

食物 尽管在英国出现的幻影猫体形较大，但是捕食家畜的情况十分罕见，因此这些猫可能通常以兔子这类体形较小的野生动物为食。

潜在危险：低

虽然偶有幻影猫在被逼得走投无路时对人类发起攻击的传说，但当有人走近时，它们一般会溜之大吉。

体形对比

身高：0.7米

体长：1.8米

体重：90千克

寻踪觅迹

这些猫是悄无声息神出鬼没的食肉动物，往往被人发现时就会立刻消失得无影无踪。但是它们常常留下足迹，夜晚也会听到叫声。它们也会在捕食过的猎物身上留下独特的咬痕。

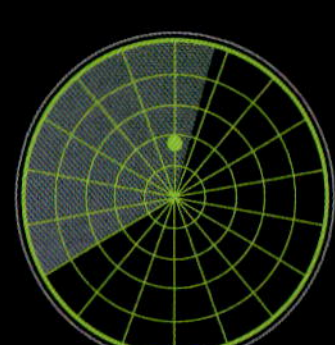

安全距离

警告：目标警觉并具有攻击性——避免惊扰！

古代还是现代?

许多人把频繁目击大型猫科动物的原因归咎于20世纪70年代修改了饲养野生动物的法律，然而如今人们仍然可以发现幻影猫，说明这种动物已经在不列颠群岛形成了种群。这样看来，幻影猫是否真的是长期不被人所了解的古老的本地动物呢?

历史记录

1959年
首次有人在英国南部发现所谓的“萨里郡美洲狮”。

1983年
英国埃克斯穆尔高原的许多绵羊被咬死，这引发了一波人们对这种“野兽”的关注。

1991年
在英国诺福克郡，一只欧亚混血猞猁杀死了15只羊后被射杀。

1993年
在英国贝辛斯托克镇附近，首次发现一只像狮子一样的动物。

1995年
在英国康沃尔郡博德名摩尔发现的美洲豹头骨经证明是恶作剧。

16390456759850 9.098.08e83r93.00/43740.9-93776767-------27896907
e83r93.00/43740.9-93776767-------278969074987.97979.08735

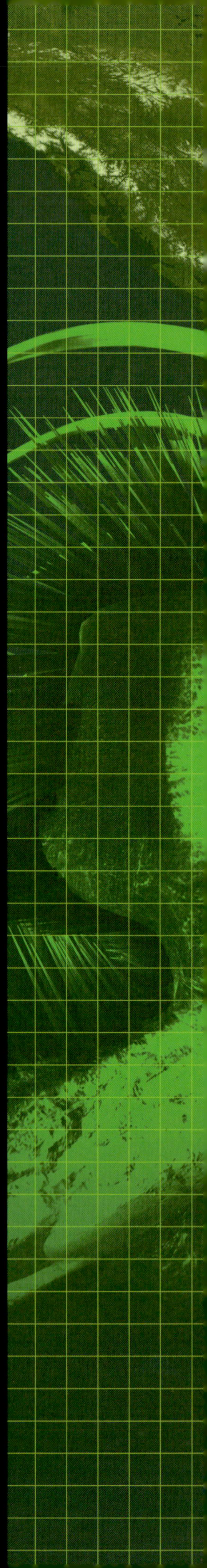

美洲

美洲原住民有许多关于怪兽的传说故事，但是我们无法肯定在这辽阔的南北美洲大陆上的大部分怪兽传说都是超自然现象。时至今日，仍然有人看到雷鸟和大脚怪（北美野人）这类巨大的动物。在亚马孙丛林中，或许体形巨大的蟒蛇依旧埋伏在暗处，伺机对毫无防备的探险者发起攻击；美洲依然定期就会有目击新怪物的报道，如恐怖的天蛾人、神秘的卓柏卡布拉或吸血怪。也许现代人遭遇的外星生命实际上是从黑暗中冒出的新型怪物？

16390456759850 9.098.08e83r93.00/43740.9-93776767-------

分 布

大脚怪这类动物通常出现在北美洲西北部地区，有时也有人在美国的其他地方看到它们。

大脚怪

大脚怪是北美洲最有名的神秘动物，它是一种巨型猿类，生活在靠近太平洋的西北地区偏远的森林中，也有人时常在更遥远的地方见到过它们。通常来说，这种高大、毛发蓬乱的野兽总是躲避人类，不过早在欧洲人到达美洲之前，印第安的传说中就已经有关于它们的记载了。在原住民的语言中，大脚怪有几种不同的称呼，不过人们最熟悉的名字可能就是萨斯科奇。科学工作者提取了许多大脚怪的巨大足印，而且也有许多人亲眼见过它，然而大脚怪似乎也特别受骗子的青睐，因为他们可以利用大脚怪赚大钱。

存在过的证据

早期传说

20世纪20年代，加拿大作家J.W.伯恩斯从各种美洲原住民部落收集野人的传说，并暗示这些故事是真实野人存在的证据。他称野人为“萨斯科奇”，这是哈尔魁梅林印第安人对野人的称呼。

第一个足印

“大脚怪”这个词是1958年创造的，当时在美国加利福尼亚州的洪堡县，一些筑路工人在布拉夫河附近发现一连串长度为40厘米的足印。然而，现在有充分的证据证明这些足印是伪造的。

帕特森与吉姆林拍摄的照片

罗杰·帕特森和罗伯特·吉姆林于1967年在布拉夫河附近拍摄了最著名的大脚怪照片。他们声称拍到了一只体形巨大的雌性大脚怪，但是怀疑论者认为，这只不过是一个穿着人猿道具服的人。甚至有一个人出来承认自己是穿道具服的人，不过其他人怀疑他的说法。

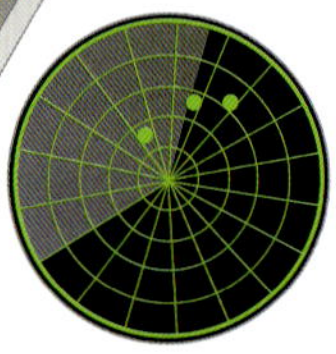

安全距离

野人种群躲避人类——原地不动，继续观察。

栖息环境 大脚怪喜欢远离人烟的温带雨林。

食物 据说大脚怪主要以螺蛳、浆果和其他森林植被为食，但也有人说它们吃小鹿、猪，甚至狗等动物。一些人认为，这种猿类在初冬时节补充肉食以备冬眠之需。

长毛怪兽

科学家们利用包括DNA分析技术在内的多种科技手段分析疑是大脚怪毛发的各种样品。虽然不可能直接证明某根毛发来自大脚怪，但是可以肯定其中一些样品来自灵长类动物，并且不是已知的灵长类动物。

原始的吼叫

有人曾经录下了大脚怪的叫声，听起来像大猩猩发出的低语和悲鸣，至今听到这个声音依然让人脊背发凉。甚至一些研究动物叫声的专家也承认，这声音不可能是伪造的，因此这些录音是证明密林深处有某种动物存在的最有力的证据。

历史记录

公元 1900 年

20世纪20年代 J.W.伯恩斯在加拿大的原住民中收集关于萨斯科奇的故事。

公元 1920 年

1924年 据说加拿大人艾伯特·奥斯特曼被一群萨斯科奇绑架，6天后逃出。

公元 1940 年

1958年 在布拉夫河附近发现的足印在全世界引发了对大脚怪的关注。

公元 1960 年

1967年 帕特森和吉姆林在布拉夫河附近拍摄到了大脚怪。

公元 1980 年

1992年 人类学家格鲁佛·S.克兰茨指出，大脚怪是一种体形巨大的现存古代巨猿属类人猿。

公元 2000 年

2008年 两位美国佐治亚州男子称他们冷冻了一具大脚怪的遗体，引起了媒体的狂热，但不久就被发现是个骗局。

现 今

寻踪觅迹

一般来讲，大脚怪的足印比人类的大得多，不过脚的形状与人类相似，也长着5个脚趾，而且步距很大，这与它们巨大的身材成正比。让人匪夷所思的是，有些脚印是畸形的或不是5个脚趾。

体形对比

高度：2.5米

体重：180千克

潜在危险：低

虽然大脚怪体形巨大，外表令人生畏，但是它们往往躲避人类。众所周知，大脚怪会展现凶猛的一面威胁人类，甚至有人说它们会向无意中靠近的人类投掷石头。但是，并没有大脚怪对人真正攻击的记录。

分 布

臭鼬猿生存在整个美国东南部，人们在阿肯色州、俄克拉荷马州、卡罗来纳州见过这种怪物，在佛罗里达州见得最多。

臭鼬猿

臭鼬猿，或称沼泽猴，通常被认为是“大脚怪”的“南方近亲”，在整个美国东南部地区都有发现这种类人动物的报道。在佛罗里达州大沼泽地，这种动物尤其常见。臭鼬猿长着与众不同的微红毛皮，而且直立行走。它身上有一种极其难闻的气味，见过臭鼬猿的人形容这种气味就像“刚刚在垃圾桶里打过滚的臭鼬身上的气味”。虽然美国国家公园管理局对当地的这些传说不置可否，但是美国密克苏基原住民部落坚持说，臭鼬猿是一种真实存在的动物；有很多人亲眼见过臭鼬猿，还有一些充满神秘感的照片，这些都是它们真实存在的证据。

存在过的证据

原住民的传说

在密克苏基部落的传说中，人们早就知道臭鼬猿这种动物，他们称它为“大水浣熊”。

在迈阿卡河拍摄的照片

最受关注的臭鼬猿照片是萨拉索塔警察局于2000年收到的一组匿名照片。一位不愿意透露姓名的女士称，在位于迈阿卡河附近的家中，有几次进入后院时发现了类人猿并拍摄了照片（见上图）。尽管目击者多次被恳求出面，但是她从未现身。专家仍然对照片的真实性持怀疑态度。

寻踪觅迹

臭鼬猿与大脚怪的主要特点十分相似——独特刺鼻的气味和特大号的脚。有人说，这种动物有时眼睛可以放光，其实只不过是它的眼睛具有高度反光性。

潜在危险：低

虽然在迈阿卡河附近拍摄的照片显示臭鼬猿具有攻击性，但这可能是它在虚张声势。历史上没有臭鼬猿攻击人类的记录，但是它们显然杀死过宠物，说明它也不是完全安分守己的灵长类动物。

安全距离

目标静止——不要靠近并保持警惕。

栖息环境 人们在各种环境中见过臭鼬猿，但它们似乎喜欢生活在佛罗里达州大沼泽地这类湿润的沼泽地带。

食物 臭鼬猿好像是杂食动物。它们通常以植物为食，比如从果园偷吃水果，不过偶尔也会攻击其他动物。

讨厌的臭味

一些臭鼬猿专家说，在美国佛罗里达州大沼泽地的深处，这种动物可能住在鳄鱼废弃的洞穴中，它的皮毛吸收了腐烂的鳄鱼猎物尸体的气味。这让它们臭不可闻。

历史记录

公元1940年

1947年 首次报道在美国佛罗里达州莱克兰发现臭鼬猿。

公元1960年

1975年 臭鼬猿在美国佛罗里达州波克县出现过几次，迅速成了新闻关注的焦点。

公元1980年

1997年 在佛罗里达州的奥乔皮，消防队长文斯·多尔发现一只浑身长毛的类人动物穿过他家附近的马路，并且照了一张怪兽慌忙逃走时的模糊照片。

公元2000年

2000年 萨拉索塔警局收到了“迈阿卡臭鼬猿照片”。随后几年，奥乔皮湖附近成了发现臭鼬猿的热点地区。

现今

4个脚趾的猿类？

一般而言，臭鼬猿留下的许多脚印与人类相似，不过长度通常为35厘米。它们似乎每个脚上只有4个脚趾。

体形对比

身高：1.8米

体重：140千克

163904567598509.098.08e83r93.00/43740.9-93776767-------278969074987.97979

泽西恶魔

两个多世纪以来，一直有可靠的目击者称，在新泽西州南部偏僻、潮湿的松林泥炭地中发现了一只奇怪的野兽。它长着蝙蝠一样的翅膀和马的头，第一眼看上去，这种有蹄类动物就像一只现代版的飞马，不过它捕食当地的家畜，而且会发出恐怖的叫声。最奇怪的是，这只野兽可以用后腿直立行走。

这种怪物外表奇特，因此人们理所当然地称它“泽西恶魔”。首次目击这种怪物的报道可以追溯到19世纪初期，据说当时美国海军船长史蒂芬·迪凯特和法国皇帝拿破仑一世的哥哥约瑟夫·波拿巴在不同时期见过这种怪物。这些目击事件也许只是当地的民间传说，但是到了19世纪后期，遭遇这种怪物已经司空见惯，于是就出现了一个关于它的奇怪传说。

根据民间传说，黛博拉和贾费特·利兹有12个孩子，后来“利兹妈妈”开玩笑地说，如果她再生一个孩子，这个孩子就会变成魔鬼。很快，她又怀孕了。1735年，在一个风雨交加的夜晚，她生下了第13个孩子，这个婴儿瞬间变成了长翅膀的魔鬼。它撞死了助产士，顺着烟囱飞走了，向着松林泥炭地的方向飞去，在那里它大概用了一个世纪的时间才长成年。

据当地传说，1909年1月，泽西恶魔成了全国关注的焦点，当时一连串目击事件让它上了全美国的头条新闻。当时宾夕法尼亚州的伯灵顿和布里斯托尔两个城市的居民早上醒来，发现雪地中有无法解释的“魔鬼”脚印。地方武装团队出动追捕这只动物，不过未获成功。1月21日，随着这个怪物攻击哈登海茨区的一辆有轨电车，它的猖狂举动达到了高潮。人们在恐慌中度过了这个星期，经常是刚在一个地方见到它，它马上又会在相距很远的另一个地方现身。随着武装团队人数的增加，这个怪物出现的频次才逐渐减少，最终不再出现。

从那时起，泽西恶魔就成了传说中的怪兽，时至今日还是会有人看见它。它是魔鬼吗？还是人们误将普通动物当成了怪物，随后又演变成了大面积的恐慌？或者它就是个谜——也许是一种未知动物的后代仍然躲藏在新泽西州松林泥炭地某个不为人知的地方？

这是根据目击者纳尔逊·埃文斯的描述画的泽西恶魔草图。1909年1月某个夜晚，他看到这只怪物待在自家的屋顶上。

分　布

从名字上可以看出，泽西恶魔只在美国新泽西州及周边几个州出没。

存在过的证据

恶魔的脚印

1855年，英国德文郡很多地方经历了与美国新泽西州类似的恐慌，当地人早晨也发现了雪地上出现了一连串的不明蹄印。就像泽西恶魔留下的脚印，不受障碍的限制，连续地跨过屋顶、栅栏和高墙。

来自非洲

有人说，非洲雨林中外形怪异、长着锤子形状的头的蝙蝠看起来十分像泽西恶魔。是不是类似的动物通过某种方式出现在了新泽西州呢?

这幅漫画描写的是1909年一连串泽西恶魔目击事件，画中展示了一位农夫惊讶地发现泽西恶魔正在鸡圈中抓他家的小鸡。

历史记录

公元1700年

1735年 被认为是泽西恶魔出生的年份。

公元1800年

约1820年 首次发现泽西恶魔。

约1840—1841年 人们开始认为这个怪物杀死了家畜。

公元1900年

1909年 在一周多的时间里，在新泽西州及附近的几个州，有许多人看到了这个怪物。

1960年 卡姆登镇的商人为捕抓泽西恶魔悬赏1万美元。

公元2000年

2007—2008年 发生新的一波泽西恶魔目击事件。

现今

体形对比

身高：2米

体重：120千克

天蛾人

邪恶的弗吉尼亚天蛾人是真实存在的神秘动物，还是无固定实体却更可怕的某种存在，至今尚无定论。1966年和1967年，它数月间在查尔斯顿和波因特普莱森特的道路附近出没，许多人亲眼看见并报告称，它长着令人毛骨悚然的外表和一双闪着红光的眼睛。大约在1967年12月中旬，波因特普莱森特的银桥倒塌，46人遇难，之前有人见到天蛾人出现在桥上，之后它就再也没有出现过。不过从那时起，天蛾人是灾难先兆的这种传说就开始日渐盛行。

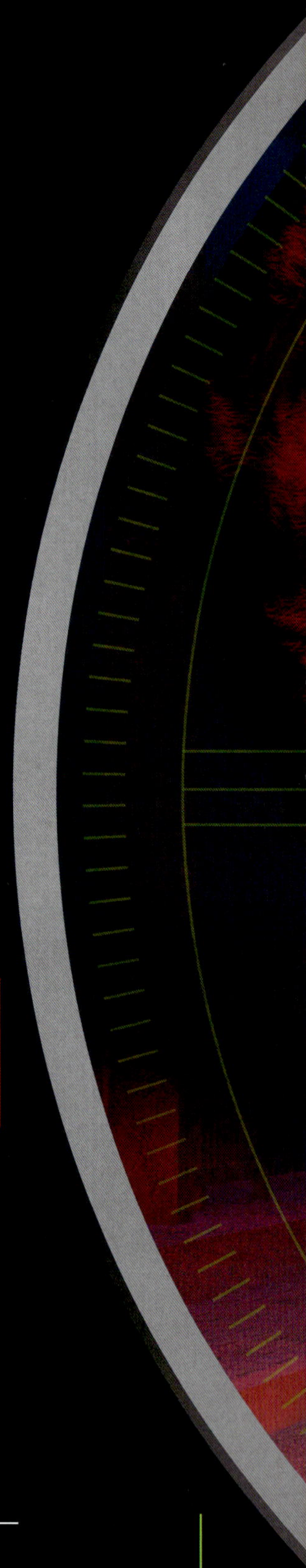

存在过的证据

第一次遭遇

最先报告看到天蛾人的是两对年轻夫妇，1966年11月15日，他们驾车经过波因特普莱森特外的一座废弃炸药厂时看到了这个怪物。这两对夫妇首先注意到的是这个动物发着红光的眼睛。它展开身体，张开了像蝙蝠一样的翅膀，随后腾空而起追赶他们，车内的人惊恐不已，驾驶着这辆汽车以160千米每小时的速度沿着68号公路落荒而逃。

天蛾人的恶兆

天蛾人的消息传遍各地，事情变得愈加扑朔迷离。许多人报告称发现天上的不明发光体，接到神秘的电话，有另一个世界的可怕“黑衣人”拜访。UFO研究者约翰·基尔写了一部记录这些事件名为《天蛾人的恶兆》的畅销书。

999790790.789.7

分　布

自从第一波目击天蛾人事件以来，在遥远的英国和墨西哥也有发现类似动物的报告。

栖息环境　天蛾人和类似的动物通常出现在桥梁附近。

食物　如果天蛾人是超自然动物，也许它不需要食物。但是在第一次目击事件发生的当晚，附近一幢民宅中的狗消失了。在68号公路的沿线上，人们发现了看起来像狗的尸体的东西，不过后来没有找到那具尸体。

潜在危险：高

天蛾人从未直接攻击过任何人，不过它外表恐怖，而且总是和即将到来的灾难联系在一起，因此看见它比被它追杀更可怕。

体形对比

身高：1.8米
翼展：4米
体重：无实体

寻踪觅迹

天蛾人最明显的特点就是它巨大的红色眼睛、弯腰驼背的外形和蝙蝠一样的翅膀。有时候它出现的时候会伴有音调极高的尖叫声。

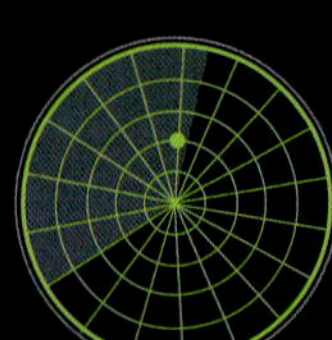

安全距离

警告：目标快速接近——立即后退并撤退！

历史记录

1963年11月
有人称在英国的肯特郡海斯镇附近发现了类似天蛾人的动物。

1966年11月
首次目击波因特普莱森特天蛾人。

1967年11月2日
在波因特普莱森特附近的公园中，4位猎人目击了天蛾人，这是最后一起自认的目击天蛾人事件。

1967年12月5日
第一波目击天蛾人事件以银桥的坍塌宣告结束。

现今

噩梦之源

《天蛾人的恶兆》的作者约翰·基尔说，波因特普莱森特动物是一种超自然“窗口区域”的展现，它可以长时间地产生异常现象，之后回归正常。

湖怪

虽然苏格兰的尼斯湖水怪是最著名的“湖怪”，但是北美洲也有数不清的类似生物。从加拿大哥伦比亚省欧肯纳根湖中一种名叫奥古普古、脖子像蛇一样的怪物，到美国犹他州大盐湖中鳄鱼一般的野兽，再到美国俄克拉荷马州雷鸟水库中的食肉章鱼，全世界到处都有湖怪的传说。事实上，有时你会觉得，北美洲的每一个大湖都流传着属于当地的湖怪传说。

大部分目击湖怪的报告都发生在19世纪中期之后，那时正值大批白种人迁居到美国西部。不过在众多最有名的湖怪中，至少有一种已经有很久的历史了。在美国易洛魁和阿布纳基原住民部落中流传着一个被他们称为塔拖斯考克的湖怪的传说，它生活在纽约州北部的尚普兰湖中。这个湖怪有个人所共知的现代绰号——“尚普”，一百多年来有很多人亲眼见过这个动物。1883年，当地警官内森·H.穆尼首先声称看到了湖怪。他描述湖中有一条巨大的“水蛇”，其他人出于好奇也前来观看，他们相信湖中确有某种奇怪的东西。不久，马戏团老板P.T.巴纳姆为获得尚普兰湖怪的尸体悬赏5万美元，当然，从没有人领到过赏金。时至今日，人们仍能看到湖怪，有时还能拍下它的照片。

加拿大的湖怪奥古普古是由苏珊·阿莉森首先在1872年报告发现的，这位加拿大的早期移民从当地原住民那里了解到了湖怪的故事。1926年，一群人在欧肯纳根湖的岸上看到了这种湖怪，一时间它就成了各大报纸头条新闻。1947年，几个坐在船上的人看到湖中一个怪物向他们游来。一位目击者说，这个湖怪弯弯曲曲长约9米，身体有5处隆起，长着叉状的尾巴。另一些人说，它长着像蛇一样的头，而且是塌鼻梁。如今，人们仍能看到奥古普古，而且加拿大的其他湖怪，如马尼托巴湖的马尼波戈和温尼伯湖的温尼波戈，也被叫作奥古普古。

虽然人们对尚普和奥古普古的描述与传说中的湖怪吻合，但是人们在其他湖泊中发现的许多动物却很独特。例如，在新不伦瑞克省的乌托邦湖，定期有人报告称看见了水怪“老内德”，这是一种像鲸一样长着巨大的头的动物。20世纪40年代，在美国印第安纳州的福尔克斯湖上经常出现搜寻鳄龟的一幕，这个名叫奥斯卡的怪物体形巨大，捕食家畜。然而，早在一个世纪之前，犹他州大盐湖附近的几位居民就声称看到一种身体像鳄鱼而头部像马的怪兽。

这幅19世纪的插图描绘的是与加拿大新不伦瑞克省乌托邦湖湖怪“老内德”近距离遭遇时的情景。

分 布

世界各地都有湖怪的传说，但是到目前为止，似乎加拿大和美国拥有的湖怪的数量最大，种类最多。

大多数湖怪照片比较模糊，照片中的物体距离较远，难以辨认。不过这幅图展现了奥古普古这类怪兽的主要特征——长脖子上长着像马一样的头，身体弯弯曲曲，有几处隆起或回弯，总的来说，从外形上看是一种爬行动物。

历史记录

1867年 锯木厂工人在几天里接连看到乌托邦湖怪。

1872年 最早有记载的奥古普古湖怪目击事件。

1883年 第一次目击到尚普兰湖怪。

1887年 大盐湖中一只像鳄鱼一样的怪物攻击了在美国犹他州巴尔内斯盐业公司工作的工人。

1949年 在美国印第安纳州，一只生活在福尔克斯湖中的巨型鳄龟让楚鲁巴斯科的居民惊恐不已。

1977年 摄影爱好者桑德拉·曼西拍摄到了一组精细的尚普照片，至今该照片还存在争议。

公元1860年 公元1880年 公元1900年 公元1920年 公元1940年 公元1960年 公元1980年 公元2000年 现今

存在过的证据

湖怪到底是什么？神秘动物学家将目击到的湖怪分成了几大类。其中包括长着长脖子和像马一样的头的动物，也有体形巨大并长有脚蹼的怪物（如右图中的奥古普古），还有通常完全看不到头、背部有许多隆起的动物。虽然这类长脖子的湖怪看上去十分像恐龙时代的海栖爬行动物，但是世人都知道蛇颈龙早在6500万年前就已经灭绝了。不过大多数人相信还有另外一种解释——可能是一种稀有种类的海豹。

体形对比

体长：约100米

体重：约15 000千克

分 布

雷鸟飞越美国并进入墨西哥。有人认为，这种鸟每年沿着相同的路线迁徙。

雷 鸟

在美洲印第安人的故事中，有一种巨大的鸟，它的扑翼拍打的声音像雷鸣，它的出现预示着飓风季的来临。多年来，人们认为雷鸟只不过是传说中的动物，现实中不可能有这么大的鸟飞翔在天空中。但是在1980年，阿根廷化石勘探者发现了翼展8米的巨鸟化石。阿根廷巨鸟（“庞大的阿根廷鸟”）属畸鸟科，考古学家认为这种外形类似秃鹫的鸟在600万年前就已灭绝。但是，许多人看到雷鸟是否可以证明这种大鸟至今还生存在地球上呢?

寻踪觅迹

雷鸟预示着飓风的到来或许并不是传说。现代雷鸟的出现似乎都伴随着坏天气，而一些研究者认为，这些巨鸟可能与大鹰一样，依靠上升的暖气流翱翔。

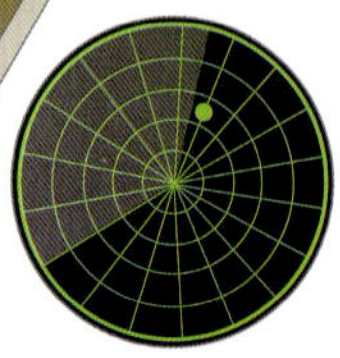

安全距离

目标在空中滑行——保持安全距离！

栖息环境 雷鸟或许大部分时间用翅膀在空中滑翔，依靠上升的温暖气流托起它们沉重的身躯。

食物 畸鸟长着比秃鹰和秃鹫强壮的腿。这说明它们经常捕食中小型动物，而不是食腐动物。

存在过的证据

美国伊利诺伊州雷鸟掳人事件

在最著名的目击雷鸟事件中，有一起发生在1977年7月的伊利诺伊州朗代尔市。当时一只巨大的鸟试图把正在自家后院玩耍的10岁幼童马龙·洛威抓走（见右图）。几位目击者形容这只鸟为一种现存的阿根廷巨鹰的近亲安第斯秃鹫。

神秘照片

根据汤姆斯通墓志铭报社的报道，1990年4月，在美国亚利桑那州，两个牛仔用枪打死了一只长着巨大翅膀的野兽。两个牛仔和他们的战利品一起的合影，其真实性就像雷鸟本身一样扑朔迷离。后来有人效仿此法进行伪造，搞恶作剧，还有人查询报纸档案调查照片真伪，却毫无结果。

大鸟

如果雷鸟确实是一种现存的巨大畸鸟，那么它就是有史以来可以飞翔的最大的鸟。雷鸟的身体展开就像一架小型飞机，也许它会把小飞机当成对手，或许这可以解释为什么有各种受到惊吓的飞行员报告称有巨鸟向他们“俯冲”。

历史记录

约1850年 在寒冷的冬季，雷鸟抓走了印第安克里族猎人所说的白熊作为幼鸟的食物，而且被抓走的动物活着回来的希望十分渺茫。

1940年 博物学家罗伯特·吕曼在美国纽约州阿勒格尼高原遇到一只像秃鹫一样的巨鸟。

1948年4月 在美国伊利诺伊州和密苏里州发生的一连串目击雷鸟事件中，一只雷鸟似乎要袭击圣路易一所飞行学校附近的一架轻型飞机。

1977年 在另一波伊利诺伊州目击事件中，一只雷鸟试图掳走马龙·洛威。

公元1800年 — 公元1850年 — 公元1900年 — 公元1950年 — 公元2000年 — 现今

潜在危险：高

如果雷鸟是一种大型畸鸟，那么它的爪和腿应该没有足够的力量抓起大型猎物。然而，掳走马龙·洛威和所谓攻击轻型飞机的故事表明，不管这是一种什么鸟，它都具有攻击的天性。

体形对比

体长：3.5米

翼展：8米

体重：80千克

卓柏卡布拉

1995年，南美洲出现了一种新的神秘动物。显然，卓柏卡布拉（吸羊血怪）最早出现在波多黎各，它吸干猎物的血，只在尸体胸前留下三个标志性的咬痕。家畜死亡的消息很快传开，同时也出现了各种目击者的描述，它是一种奇怪的爬行动物，步态像袋鼠，眼睛泛着红光，背部的脊柱上长着一排尖刺。如今，卓柏卡布拉遍布整个大陆，远在北部的美国得克萨斯州甚至更远的地方都有人看到过这种怪兽。

存在过的证据

吸血怪兽的攻击

1995年初，在波多黎各的一处农场发现8只被吸干血的绵羊。在数月之内，在坎诺瓦纳斯镇附近又有150只动物死亡，同时人们开始报告看到了一种奇怪的动物。虽然卓柏卡布拉出现得十分突然，但是研究人员认为它与发生在20世纪70年代类似的大批家畜死亡事件有关。

得克萨斯州怪兽

自2004年以来，得克萨斯州等地居民拍摄到甚至射杀了若干奇异无毛的怪兽，它的外表与人们描述的吸羊血怪有些相似。DNA研究显示，其中的一些动物是患有罕见兽疥癣病的土狼，但是有些人似乎不认同这种说法。最奇怪的一点是，人们对卓柏卡布拉这种动物的描述与它的画像（见右图）之间存在着巨大的差异。

999790790.789.7

分　布

卓柏卡布拉广泛分布在从波多黎各到墨西哥和美国得克萨斯州的地区，远在智利和美国缅因州的动物死亡疑似与它有关。

栖息环境　这种奇特的动物似乎在有人烟的地方，特别是在能抓到小家畜的人类居住区附近游荡。

食物　从绵羊和山羊到小鸡，卓柏卡布拉以各种类型的中小型家畜为食。然而，它并不吃肉，只吸这些动物的血。

潜在危险：低

尽管对卓柏卡布拉的了解依然有限，但是没有证据表明它会对人类直接造成威胁。

体形对比

身高：1.2米
体重：50千克

寻踪觅迹

据说卓柏卡布拉可以发出一种与众不同的尖叫声，眼睛发出红光，而且会散发出硫黄的气味。有些目击者报告，看到这种动物时会出现一阵恶心和恐惧的感觉，好像它具有某种心理防御机制。

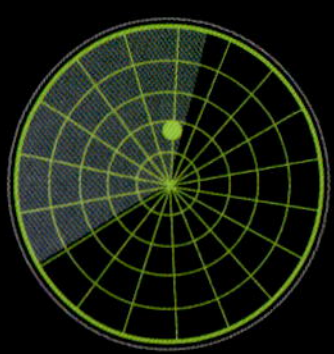

安全距离

目标毫无警觉，没有注意到夜视仪——继续观察。

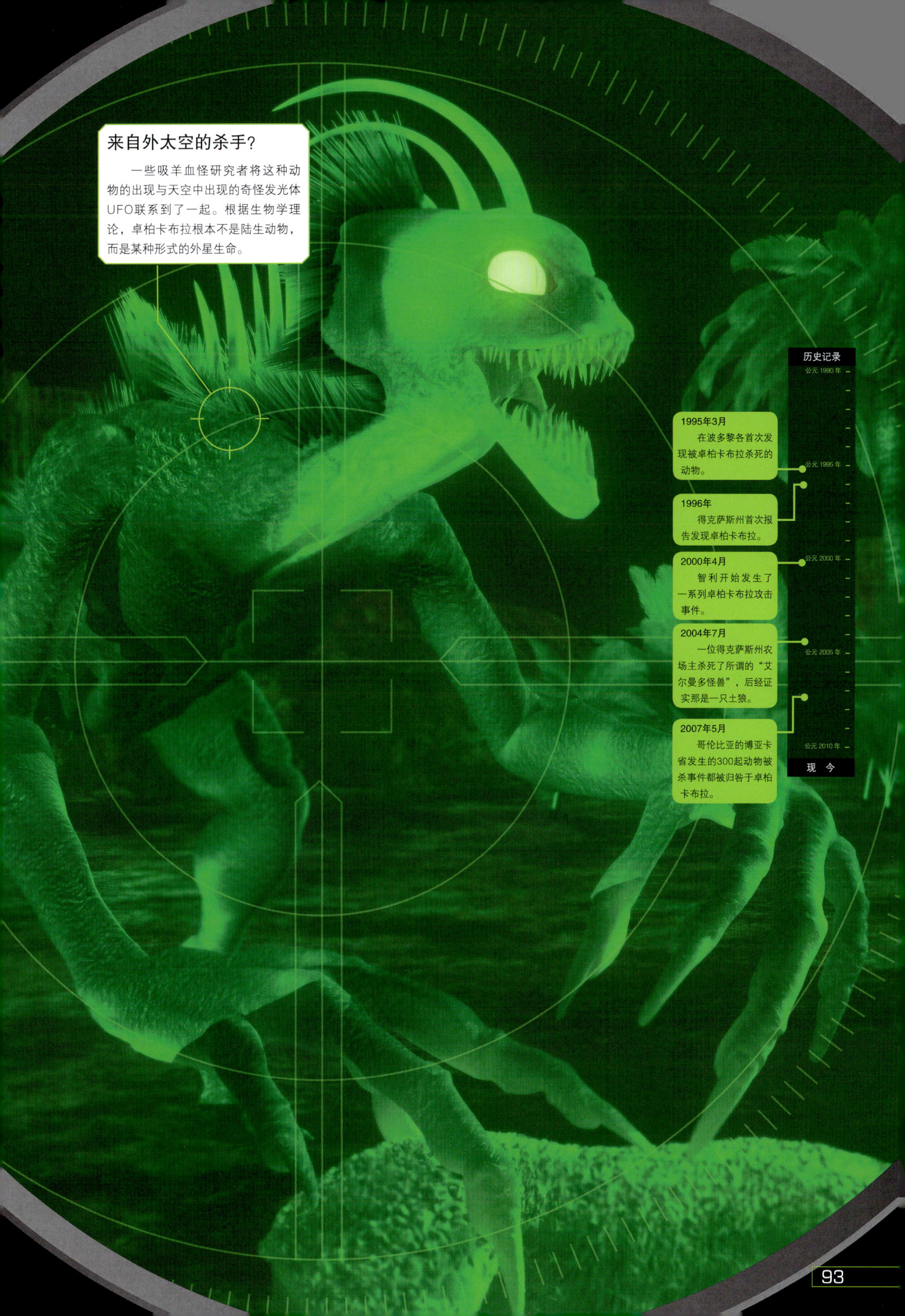

来自外太空的杀手？

一些吸羊血怪研究者将这种动物的出现与天空中出现的奇怪发光体UFO联系到了一起。根据生物学理论，卓柏卡布拉根本不是陆生动物，而是某种形式的外星生命。

历史记录

公元 1990 年

1995年3月
在波多黎各首次发现被卓柏卡布拉杀死的动物。

公元 1995 年

1996年
得克萨斯州首次报告发现卓柏卡布拉。

公元 2000 年

2000年4月
智利开始发生了一系列卓柏卡布拉攻击事件。

2004年7月
一位得克萨斯州农场主杀死了所谓的“艾尔曼多怪兽”，后经证实那是一只土狼。

公元 2005 年

2007年5月
哥伦比亚的博亚卡省发生的300起动物被杀事件都被归咎于卓柏卡布拉。

公元 2010 年

现 今

巨型水蟒

蛇到底能长多大？据科学家研究，南美洲最大的水蟒可以长到9米长，体重能达到250千克。这些巨兽庞大，足以吞下美洲虎和凯门鳄（中型鳄鱼），但是探险者和当地人都宣称见过更大的巨蛇，有些真的是巨大无比。

自从16世纪欧洲探险家进入南美洲丛林以来，一直有人报告称在这个人迹罕至的地方发现了巨蛇。当地人称这种水蛇为巨森蚺，而西班牙殖民者称之为马托拉，即“吃牛怪”。世界公认最长的蛇（大约9.9米长）的记录由印度尼西亚的西里伯斯岛上的一条网纹蛇巨蟒保持，但是据说这些南美巨蛇（普遍认为是体长更长的绿水蟒的近亲）体长可以达到更为惊人的长度——大概可以长到30多米。水蟒是一种巨蟒，通过缠绕猎物并加大盘绕力度，使猎物窒息而死，之后将其整体吞下，必要时它们可以让自己的下巴脱位。这种蟒蛇能吞下一头巨大的牛，一想到这里，就觉得这东西真是可怕的噩梦。

1906年，英国探测者珀西·福塞特上校在巴西和玻利维亚边境为英国皇家地理学会做测量时遇到了一条这样的蟒蛇。他用枪打死这一怪兽之后，测量它的长度达19米。

福塞特回到英国后，他的报告受到科学界的广泛嘲讽，但是其他人依旧可以看到类似的巨蟒。1925年，神父维克多·海因茨见到一个在亚马孙河中游动的活样本，这条巨蟒大约长24.5米，跟“油桶一样粗”。几年后，一支法国探险队射杀了一条大约23米长的巨蟒。

可以理解，科学家对这些蛇长度的估测结果，尤其是那些从远处观察或当蛇盘绕在树上时得来的数据，表示怀疑。不过，在遭遇蟒蛇的这些人中，有些人有机会将死的蟒蛇放平测量。而且，已经有好几张巨蟒的照片，其中一条据称长度达40米。但是无法确定这些照片的取景比例，因此专家仍持谨慎的态度。南美洲丛林危机四伏，远离人烟，因此从来没有人深入丛林将一条巨蟒的尸体拖回来。然而，除非有人带回实物证据，否则巨型水蟒似乎将永远停留在神秘动物学的领域。

这是一幅19世纪的插画，画中画了很多种蛇，其中最可怕的是一条水蟒，它正在紧紧缠绕一头巨牛，以令其窒息而死。

存在过的证据

更遥远的地方

巨型水蟒不仅限于亚马孙河流域。1959年，比利时直升机飞行员雷内·范·利尔德在比属刚果（现在的刚果民主共和国）拍摄到了一条体长12～15米的巨蛇。

远古巨怪

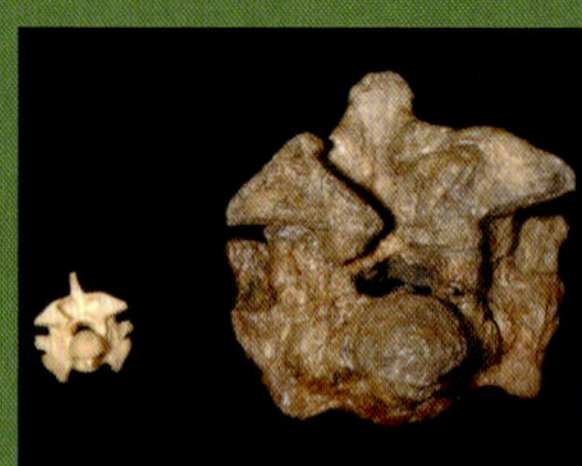

2009年，科学家挖掘到迄今以来发现的最大的蛇化石——塞雷洪泰坦蟒化石。虽然仍比某些报告称的水蟒短，但在有据可考的蟒蛇中，它已经打破了纪录，不仅长度达到了12~15米，而且身体最大直径为1米，体重大约为1150千克。上面这幅照片展示的是泰坦蟒的脊柱化石，旁边摆放的是一块普通现代水蟒的脊柱。

98509.098.08e83r93.00/43740.9-93776767-------278969074987.97979.08735_2799

体形对比

体长：30米

体重：约500千克

这幅惊心动魄的画展现的是一组探险队员的小船被巨蟒攻击的情景。

历史记录

公元1900年

1906年 珀西·福塞特上校在亚马孙河流域遭遇一条巨型水蟒。

公元1920年

1925年 维克多·海因茨报告看见一条巨蛇在亚马孙河中游过。

公元1940年

1948年 一家巴西报纸声称要公布两张长度超过30米的巨蟒照片。

1959年 雷内·范·利尔德在比属刚果拍摄到一条巨蛇。

公元1960年

现今

分布

巨型水蟒只出现在南美洲主要河流中，特别是亚马孙河流域。

羽蛇神

欧洲移民到达美洲之前的几个世纪中，许多中美洲人崇奉的是一种羽蛇神。众所周知，阿兹特克人称它为魁札尔科亚特尔，它与风、曙光和金星有着密切的关系。不过，是否有可能羽蛇神为一种普通动物——南美洲丛林中会飞的蜥蜴或有羽翼的蛇，而在人们回忆中演绎了它的形象？

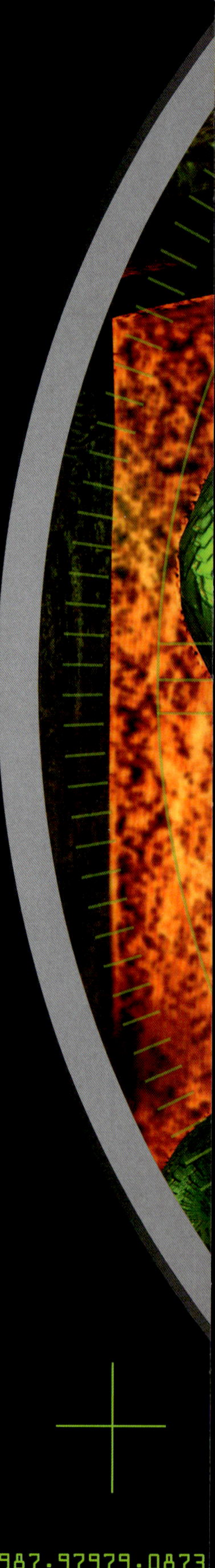

存在过的证据

美洲翼龙？

有些人认为，羽蛇神的传说起源于南美洲丛林中现存的爬行动物翼龙。但是，中美洲的艺术中充满了蛇的形象（见右图），却没有像翼龙的蛇。20世纪初期，在美国，有人看到空中有一群群的飞蛇。

真实会飞的蛇

有一些已知的蛇具有让自身处在接近飞翔状态的能力。东南亚的树蛇可以从高高的树枝上跃下，展平胸部辅助滑翔。或许南美洲这类未知的蛇也有这种能力？

999790790.789.7

分 布

从墨西哥向南至南美洲，在整个中美洲文化中，都流传着羽蛇神的传说。

栖息环境 人们总将羽蛇神与天空和风联系在一起，似乎任何与神话有关的生物大都飞在空中。

食物 人们一般用动物祭祀羽蛇神，而不用人做祭品，这样的食性是否表明这是一种真实存在的生物呢？

潜在危险：低

羽蛇神不用人做祭品的传说表明，其实羽蛇神实质上并不构成对人类的直接威胁。

体形对比

体长：6米

体重：130千克

寻踪觅迹

在中美洲各国都可以发现羽蛇神的雕像，通常它是戴羽毛头饰的人的形象，或是半人半蛇的混合体。

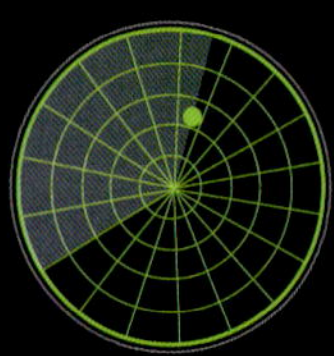

安全距离

目标具有高度机动性和侵略性——保持安全距离。

人还是神?

中美洲的宗教中，羽蛇神是人蛇一体的。在阿兹特克人的传说中，羽蛇神有着白色的皮肤，从旧世界的废墟中帮助创造了现在的这个世界。

1848年

智利矿工遭遇了一种生物，它的外形与现代的翼龙非常类似。

1947年

在亚马孙河上航行的一艘船上的乘客报告，空中有像翼龙一样的生物飞过。

1971年

化石勘探者发现一种新巨型翼龙，这是有史以来发现的最大的一条。他们将其命名为羽蛇神翼龙，以此纪念阿兹特克人的神。

1992年

据说在巴西丛林的上空，一个像翼龙一样的动物向一架小型客机“俯冲”。

1639045675985O9.098.08e83r93.00/43740.9-93776767-------278969O7
e83r93.00/43740.9-93776767-------278969074987.97979.08735

海洋和空中

有些动物不受地域的限制，而是随着洋流或气流在全世界自由游弋。它们当中包括最早被记录的怪物海蛇和美人鱼，也有据说生活在大气中并且仅在近代才被发现的奇异生物。然而，最恐怖的可能就是两种海洋巨怪——北海巨妖克拉肯和曾经存在过的最大鲨鱼巨齿鲨。

1639045675985O9.098.08e83r93.00/43740.9-93776767-------

大海蛇

是水手们的传说故事还是真实存在的海怪？几个世纪以来，在波涛汹涌的大海上，总会有人看见海蛇出没，这种生物早在远古时期的民间传说中就出现过。近年来，有些人声称非常近距离地遭遇过海怪。但是各种目击报告之间通常彼此矛盾，每次人们对这种生物外表的描述都与上一次不一样。如果海蛇是真实存在的生物，那么它们到底是什么？

瑞典牧师奥劳斯·马格纳斯在他1555年的航海经历中记述了著名的海蛇。这个怪物叫“海奥姆”，据说它居住在挪威卑尔根市附近的水下洞穴中。它从水里出来攫取岸边毫无防备的家畜，偶尔也会攻击不走运的船只，抓走甲板上的水手。

然而海奥姆只是几个世纪中人们遭遇到的无数海蛇中的一种。在欧洲最北端的斯堪的纳维亚半岛周边和冰岛附近的水域，它们似乎更常见。北美洲的新英格兰海岸是鱼类资源尤为丰富的渔场。每个靠出海打鱼为生的民族都有自己的传说故事。

海蛇是最让神秘动物学家费解的一种动物，因为它们看起来以各种不同的形式出现。虽然有许许多多的人自称看见了海蛇（其中包括许多人长时间遭遇这种动物的记述），但是绝大多数都发生在照相机被发明之前。

举例来说，最有说服力的报告是1848年英国皇家海军代达罗斯号船长和船员的报告。在南太平洋的大海上，他们遭遇了一个身长18米的怪物，它游动时头部露在水面之上。据一位目击者说，它看起来像蜥蜴。这怪物迫近这艘船，并且大约20分钟不离船的左右，因此船上的人有足够的时间将它细致地画了出来。

神秘动物学的创始者伯纳德·霍伊维尔曼发明了一种海蛇分类体系，其中包括“特大海鳗”“背部多处隆起”和“海马”等几大组。有一种流行的观点认为，海蛇实际上是一种现存的蛇颈龙——生活在恐龙时代的长颈爬行动物。不过，更为可能的情况是，所谓的巨蛇实际上是奇异的鱼或尚未被人类了解的海洋哺乳动物。

偶尔被冲上岸的腐烂动物尸体会让人产生误会。动物在海中死去，尸体会腐烂，看上去就像是某种奇怪的东西。就以鲸为例，它的皮可以分解成纤维状的“毛皮”。

1977年，日本拖网渔船捞上来某种十分像蛇颈龙的动物遗骸，后经证实是姥鲨的尸体。

1958年，在巴西里约热内卢海湾打鱼的渔民遇到了一条体长20米的巨大海蛇，长着极长的脖子和巨大的头。

98509·098·08e83r93·00/43740·9-93776767-------278969074987·97979·08735_2799

存在过的证据

神秘背后的真相？

海洋中有一种巨大且鲜为人知的海洋生物，或许它们的存在至少可以对一些目击海蛇的报告做出解释。“鲱鱼王”这类皇带鱼，也称大白带鱼（见下图），能长到11米，头部长着梳子一样的鳍，据说大部分的时间垂直待在水下。如果它们从水中冒出，看起来就像典型的“长颈”海蛇。对于不同类型海蛇，也有其他的解释，如误将鲸甚至巨型乌贼的触角当成了海蛇。

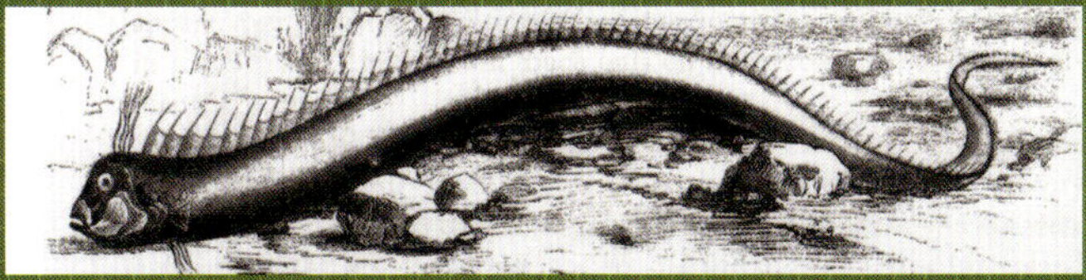

分 布

世界各地都有海蛇的目击报告和传说，特别是在北冰洋和美国的东海岸，那是遭遇海蛇的多发区。

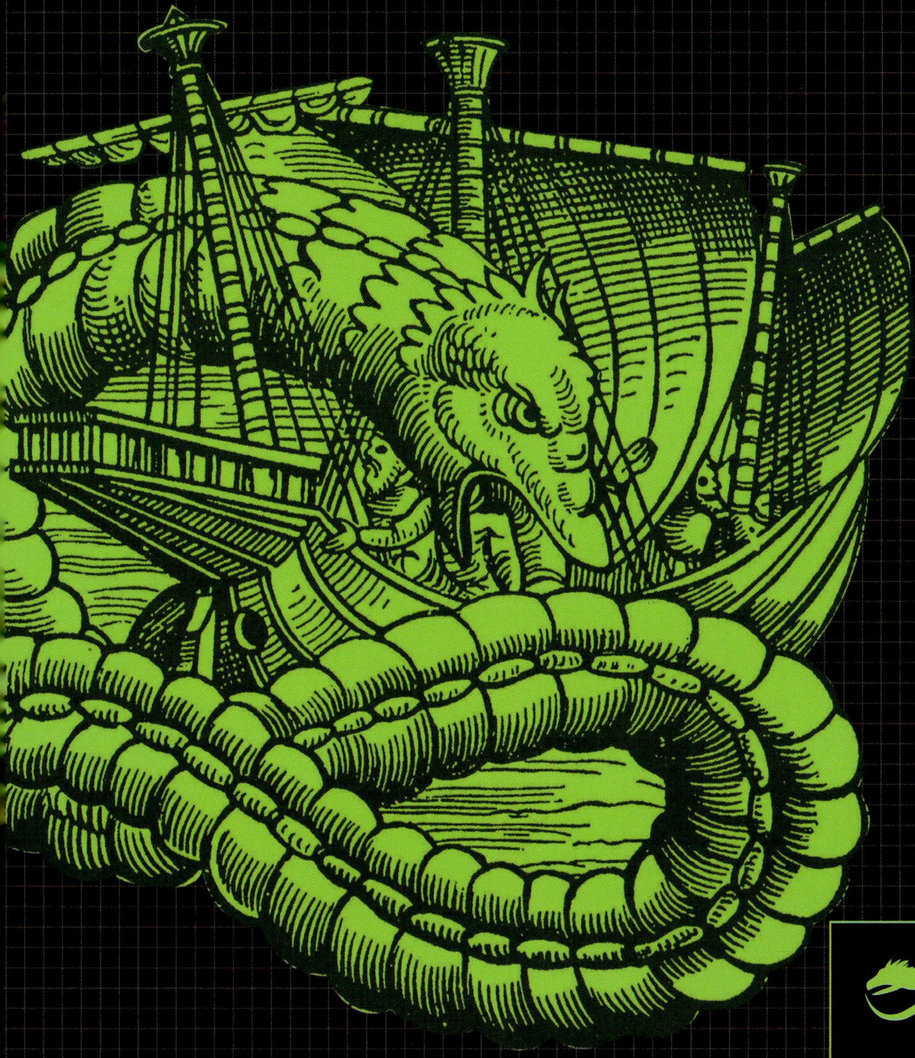

历史记录

公元1500年

1555年 奥劳斯·马格纳斯描写了卑尔根市的海奥姆。

公元1600年

1638年 在新英格兰海岸，首次有人报告发现海蛇。

公元1700年

1734年 格陵兰主教汉斯·埃格德与海蛇有过一次近距离接触，这条海怪伸出水面的头比船的主桅还高。

公元1800年

1845年 德国博物学家汉斯·科赫试图根据鲸的骨骼化石复原一条被他称为龙王鲸的海蛇。

1848年 英国皇家海军代达罗斯号与一条海蛇长时间遭遇。

公元1900年

1937年 从加拿大海岸附近的一头抹香鲸的胃部取出一具动物尸体，据猜测这是一条海蛇。

公元2000年

现 今

体形对比

体长：约30米

体重：约25 000千克

分 布

克拉肯的传说大多源自北冰洋，不过可能在全世界冰冷的深海中都会发现它们的身影。

克拉肯

斯堪的纳维亚的船员们都讲过长着巨型触角的动物的故事，这种怪物蛰伏在挪威和冰岛附近的海底。一般认为，克拉肯是尚未被人类发现的某种巨型章鱼。这种庞然大物很少露出水面，人们会误将它们露出水面的身体当作新的小岛，而当其露出时会掀起滔天巨浪。它们力大无比的触角可以推翻最大的船只，而沉入水下时形成的漩涡会再次无情地将幸存者吞没。它们是水手们真正的噩梦。

存在过的证据

早期传说故事

在古老的挪威传说中，克拉肯有许多其他的称呼，但是大约在13世纪才有关于它们的清晰记载。18世纪，瑞典博物学家卡尔·林奈将克拉肯编入他的首部生物物种分类巨著《自然系统》中。

船舶杀手?

1802年，法国科学家皮埃尔·丹尼斯·德·蒙特福特认为，克拉肯是若干帆船失踪的罪魁祸首。如今，许多生物学家认为，传说中的克拉肯其实是人们看到的巨型章鱼，但是有些报告中描述的生物远远大于目前任何一种已知章鱼。

安全距离

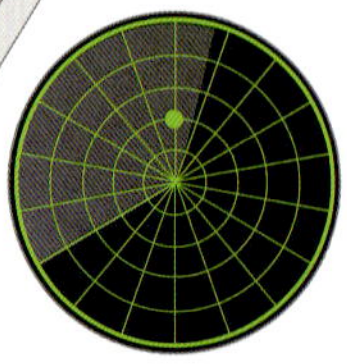

警告：目标浮出水面——

备后退！

栖息环境 据说这些巨大的怪物大部分时间在海底处于休眠状态，很少露出水面。

食物 据说克拉肯拥有属于自己的生态系，以少量的鱼为食，产生的排泄物同时滋养着围的鱼群。

寻踪觅迹

斯堪的纳维亚渔民认为，克拉肯蛰伏于渔场丰饶的海域。或许有时水下探测到的神秘低频声音也是这些巨大的海兽发出的。

浮岛？

在人们早期对克拉肯的描述中，这种动物的体形巨大——大概可以横跨几千米。有些人暗示，传说中短暂形成的岛屿和危险的漩涡可能是由冰岛附近海底的火山形成的。

历史记录

公元1000年

约1250年 挪威传说中描写的海怪后来被认定是克拉肯。

公元1500年

1752年 埃里克·蓬托皮丹在他的著作《挪威自然史》中详细描写了克拉肯。

1802年 皮埃尔·丹尼斯·德·蒙特福特认为，安哥拉海岸致使一艘捕鲸船消失的罪魁祸首是克拉肯。

1857年 科学界首次知道到有巨型章鱼的存在，这为后来克拉肯的出现提供了合理的解释。

公元2000年

现今

体形对比

体长：30~600米

体重：不详

潜在危险：高

克拉肯身躯巨大，虽然没有证据证明它们直接攻击船舶，但是它们对于任何海船都是巨大的威胁。

分 布

在世界各地的深海海底都打捞到过巨齿鲨的牙齿，但是这种巨鲨主要集中出现在南太平洋海域。

巨齿鲨

几百万年以前，海洋由一种真正的巨型动物统治，这种动物是一种几乎可以长到现代蓝鲸那么大的巨鲨。噬人鲨属的巨齿鲨与恐怖的大白鲨是近亲，但身体比大白鲨大几倍，曾经是海洋中凶狠的食肉动物，它的牙齿大约可以长到18厘米长。但是，这种可怕的鲨鱼真的像科学家说的那样已经灭绝了吗？公认的灭绝时间大约是150万年前，但是一些令科学家好奇的化石显示，这种巨大的海洋动物一直存活到有人类历史的时期。血腥恐怖的巨鲨传说又增添了新的证据。

寻踪觅迹

人类很难见到巨齿鲨类的鲨鱼，说明这些怪物通常待在深海。这与化石证据显示原始的巨齿鲨猎捕热带海洋浅水中的鲸鱼相矛盾。

潜在危险：极高

毫无疑问，巨齿鲨是迄今为止已知的最大食肉动物。任何现存的巨齿鲨必定是能够攻击中型船只的杀戮机器。幸运的是，如果巨齿鲨仍然生活在海洋中，那么经过进化，它已远离海面了。

安全距离

目标无警觉但很危险——保持静止不动！

栖息环境 可能全世界的海洋中都有现存的巨齿鲨，但是为了躲避科学家的探测，它们必须栖息在海洋深处。

食物 现存的巨齿鲨可能以海洋深处丰富的巨型鱿鱼为食，不过也不排除它们会偶尔攻击鲸类。

巨 牙

巨齿鲨的名字翻译过来就是“巨牙”。它的牙齿巨大，甚至让大白鲨的牙齿也相形见绌，可以看出它是能一口吞下一头牛的动物。

巨 鲨

当第一颗巨齿鲨的牙齿被发现的时候，人们就估算这种鲨鱼可以长到25米长。后来又将估算结果修正到了仅有13米长，不过后来又发现了更大的牙齿，这使估算长度又提高到了至少18米。

历史记录

公元1800年 — 公元1900年 — 公元2000年 — 现 今

1835年 瑞士博物学家路易斯·阿加西斯根据牙齿命名并描述了噬人鲨属巨齿鲨。

1918年 大卫·斯特德在澳大利亚新南威尔士州史蒂文斯港听当地渔民讲述巨齿鲨的故事。

1927年 小说家赞恩·格雷在南太平洋上航行时看到一条巨鲨。

1959年 科学家弗拉基米尔·切尔纳茨奇重新确定了巨齿鲨牙齿化石已有11 000年的历史，引起了学术界的争论。

存在过的证据

渔民的故事

1918年，澳大利亚博物学家大卫·斯特德询问了几位渔民，他们声称在新南威尔士近海的渔场，一条巨鲨掠走了他们的虾笼。所有这些人都熟悉大白鲨和大鲸，然而他们坚称他们看到的动物是一条巨鲨，远比正常的鲨鱼大，可能超过30米。

牙齿化石

因为鲨鱼的骨骼都是软骨，因此通常以化石形式留存下来的只有它们的牙齿（见右图，并排摆放的是一颗大白鲨的牙齿）。因此，巨齿鲨的总体长度的估算结果依然没有定论。从海底打捞上来的巨齿鲨的牙齿可能只有几千年的历史的这种说法甚至更具争议。

999790790.789.7

体形对比

体长：约20米

体重：约60 000千克

360387-080-0.32786465849409------999790790.789.7---8789468968940.0.0

人　鱼

人类出海打鱼，会遇到一种上身是人（男人或女人）而下半身是鱼的动物。人鱼无论雌雄都是“游泳健将”，有时人们会在岸上看到它们，有时它们与船并排前行。它们通常被描述成友善的动物，挽救溺水人的生命，帮助遇险的船只，甚至有时会与人类坠入爱河。但是，有些人鱼也有阴暗的一面，诱使船只遇险，甚至故意淹死船员。

第一条美人鱼是古代叙利亚女神阿塔加提斯，传说她曾经是位貌美的女子，因与凡尘中的男子相爱，发现自己有了身孕之后，羞愧难当而投入海中，希望变成鱼躲藏起来。然而，大海不舍得掩盖她的美丽，因此她的腰部以上依然是人的形态。叙利亚人因为尊敬他们的女神而从不吃鱼。在古代，阿塔加提斯的故事传遍了世界，很快美人鱼就有了各种名字，例如，在希腊人们称她为德可多。

后来，人鱼形成了一种完全隐性的文明，包括水下城市和丰富的文化。在一些希腊神话中，美人鱼就是海妖塞壬（见第30页），她用美丽的歌声引诱男人，他们或是死去，或是被带到海底世界无法再返回人间。

《天方夜谭》的故事描写了更多的海底世界。在一个故事中，渔民阿卜杜拉来到了海底，而那里是他陆地生活社会的镜像世界。还有一些故事说，这个海底世界曾经是陆地，具有高度的文明，后来沉入了海底——十分像希腊神话中的亚特兰蒂斯。

在欧洲西北部，人们将美人鱼视作与精灵相关的更简单的动物。一些美人鱼是海妖塞壬和海难制造者，另外一些虽不那么邪恶，却是危险即将来临的预兆。然而，大多数人鱼偶尔与人类接触时相当友善，不过它们未必了解人类。就拿爱尔兰雄性人鱼来说，他们将溺亡渔民的灵魂装进笼子里，却不懂得这些灵魂更想获得自由。

在英国康沃尔郡的真纳村流传着一位叫作莫瑞妮的美人鱼姑娘的故事。莫瑞妮在听到村里一位青年马修·特里维拉的歌声后便爱上了他。莫瑞妮不顾一切地想见到特里维拉，就穿上长裙盖住她的尾巴，不料还是被人发现了。幸运的是，故事的结局很完美——这位青年与她一见钟情。虽然莫瑞妮不能生活在陆地上，但是马修可以随她去海底生活。直到今天，你依然可以听到他在海里的歌声，而有些曲调是在提醒村民暴风雨即将来临。安徒生1837年创作的《小美人鱼》讲述了美人鱼愿意放弃海中的生活与一位人间的王子相爱的故事。

存在过的证据

假美人鱼

几个世纪以来，骗子利用人们对美人鱼的好奇，制造了各种逼真的假美人鱼。美国著名的马戏团老板P.T.巴纳姆在20多年的时间里靠展示他的“斐济美人鱼”赚钱。事实上，这是一个上半身用猴子的骨骼、下半身用鱼的尾部制造的假美人鱼。虽然它在一场大火中烧毁了，但是后来又出现了诸多仿品（见下图）。巴纳姆不是第一个制造假美人鱼的人，很久以前，比利时的渔民们用鳐鱼和其他鱼类的干燥骨骼雕刻奇异的人鱼作为消遣，称这种人鱼为珍妮·汉妮弗。

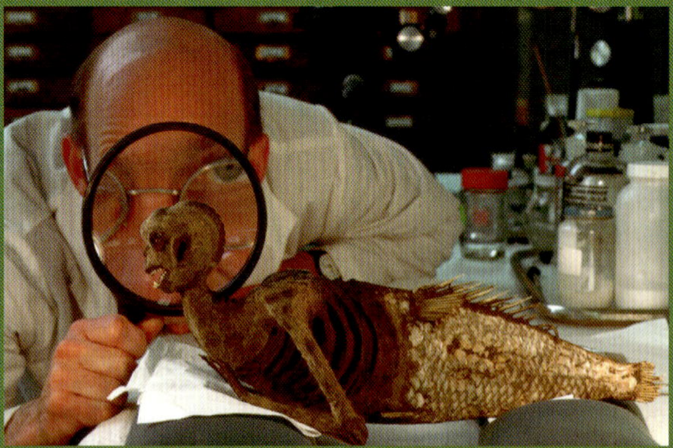

体形对比

体长：1.8米

体重：70千克

分 布

世界各地都有美人鱼的故事和目击美人鱼的传言，但是最著名的还是欧洲大西洋沿岸流传的那些。

自19世纪以来，人们目击美人鱼的次数越来越少，现在只能偶尔看到它们。1962年，意大利渔民科尔马罗·奥尔西诺在博卡迪马格拉与美人鱼有过一次近距离接触。

历史记录

公元 1000 年

1167年 在英国东部萨福克郡的奥福德村，渔民抓获一条美人鱼，后来它逃脱了。

公元 1500 年

1608年 探险家亨利·哈德逊和他的船员在挪威海域附近看见一条美人鱼。

1614年 美洲殖民者约翰·史密斯报告称与一条美人鱼有过一次近距离接触。

1842年 P.T.巴纳姆宣布向世人展示难以置信的“斐济美人鱼”。

1890年 目击人鱼事件在奥克尼群岛连番发生后达到高潮。

公元 2000 年

现 今

在18世纪，一些艺术家将人鱼连同鱼尾马和鱼尾狗描绘成来自水下文明的生物。

分　布

世界各地的人们总能看到比传说中的UFO更有生命特征的奇怪大气现象。

大气怪兽

血状的“红雨”或不明胶状物体从天而降的奇怪报道，暗示着一个惊人的可能。在地球大气的上层可能漂浮着巨大的超凡动物吗？这些奇异的生物或许也可以解释各种特殊的UFO目击事件和有时天空中出现的其他神秘物体。自20世纪50年代后期以来，就有研究人员称，利用热感红外线照相机拍摄到了这些具有生命形态的物体，不过还没有最终定论。

存在过的证据

克劳斯维尔怪物

1891年9月，在美国印第安纳州克劳斯维尔，夜空中的一个奇怪幽灵让当地人受惊不已，这个怪物只有一只眼睛，摆动身上的各种鳍在空中飞行。第二天夜里，这个生物再次出现，看起来痛苦不堪。从那以后，它再也没有出现过。

木星生命？

20世纪60年代初期，著名的美国国家航空航天局科学家卡尔·萨根暗示，大气怪兽可能是木星这类巨行星的深层大气中进化而来的。它们类似海洋动物水母和鳐鱼，而地球上的目击者看到的是某种奇怪的“空中生物”。

999790790.789.7

寻踪觅迹

人们大部分时间看不到这种大气怪兽——或许它们在某种大气状况下才会显现。似乎红外相机，甚至普通的摄像机都会拍摄到这些怪兽。

安全距离

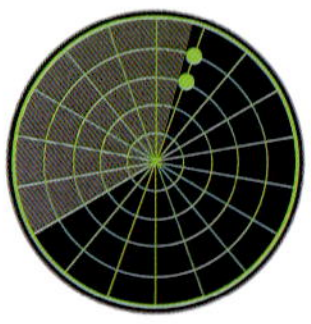

探测到巨大但极其模糊的大气怪兽。

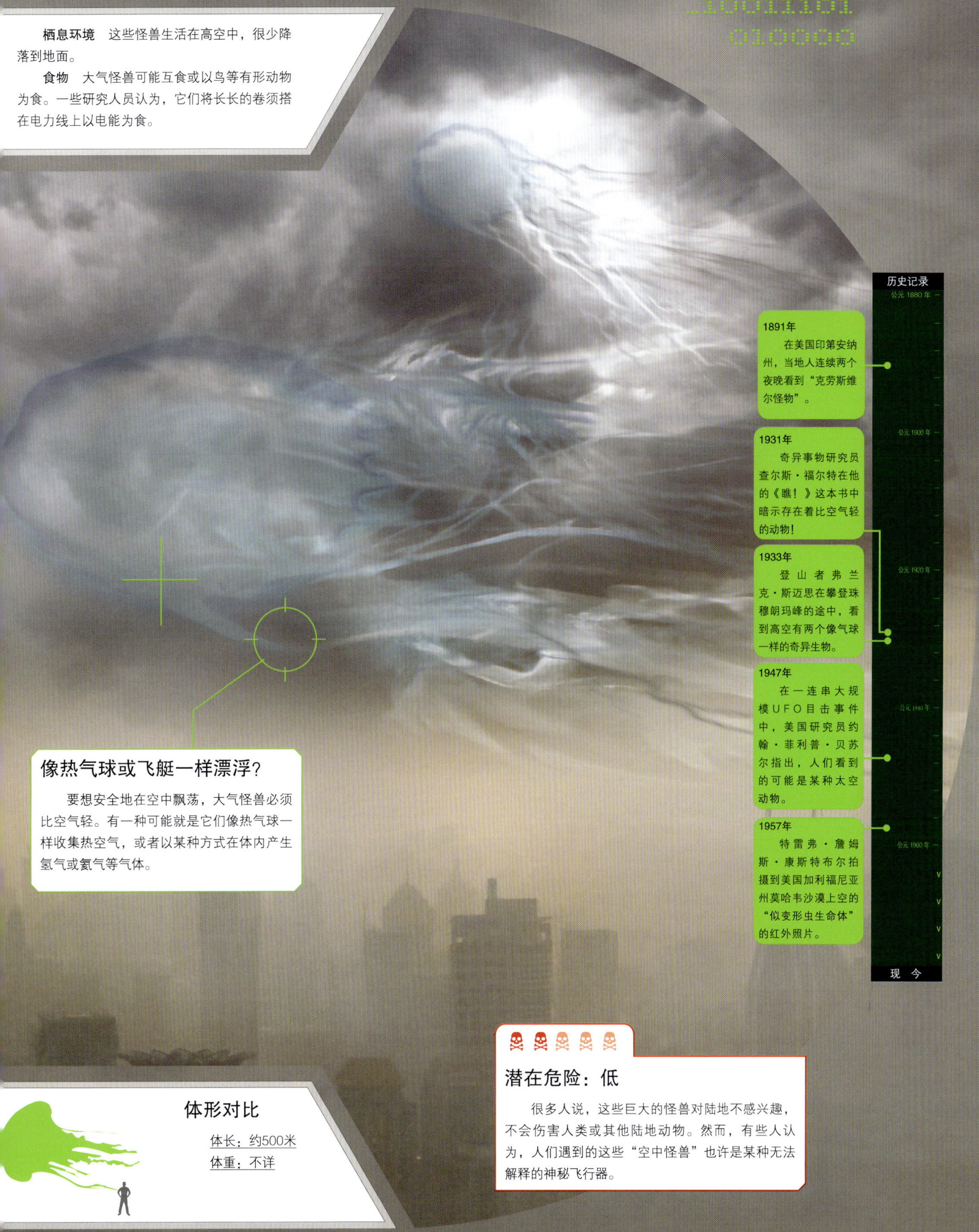

栖息环境 这些怪兽生活在高空中，很少降落到地面。

食物 大气怪兽可能互食或以鸟等有形动物为食。一些研究人员认为，它们将长长的卷须搭在电力线上以电能为食。

像热气球或飞艇一样漂浮？

要想安全地在空中飘荡，大气怪兽必须比空气轻。有一种可能就是它们像热气球一样收集热空气，或者以某种方式在体内产生氢气或氦气等气体。

1891年

在美国印第安纳州，当地人连续两个夜晚看到“克劳斯维尔怪物”。

1931年

奇异事物研究员查尔斯·福尔特在他的《瞧！》这本书中暗示存在着比空气轻的动物！

1933年

登山者弗兰克·斯迈思在攀登珠穆朗玛峰的途中，看到高空有两个像气球一样的奇异生物。

1947年

在一连串大规模UFO目击事件中，美国研究员约翰·菲利普·贝苏尔指出，人们看到的可能是某种太空动物。

1957年

特雷弗·詹姆斯·康斯特布尔拍摄到美国加利福尼亚州莫哈韦沙漠上空的“似变形虫生命体”的红外照片。

体形对比

体长：约500米

体重：不详

潜在危险：低

很多人说，这些巨大的怪兽对陆地不感兴趣，不会伤害人类或其他陆地动物。然而，有些人认为，人们遇到的这些“空中怪兽”也许是某种无法解释的神秘飞行器。

6360387-080-0.32786465849409------999790790.789.7---8789468968940.0.0

163904567598509.098.08e83r93.00/43740.9-93776767-------27896907
e83r93.00/43740.9-93776767-------278969074987.97979.08735

非洲

幅员辽阔的非洲大陆仍然有人类尚未踏足的广大区域，每隔一段时间，这里就会有新的物种被发现。而就在一些遥远的地区，当地人和探险家报告称，他们确实遇到过像恐龙一样的巨型爬行动物，如尖嘴飞行蜥蜴和令人毛骨悚然的食肉动物。这些怪兽真的是现存的史前动物吗？

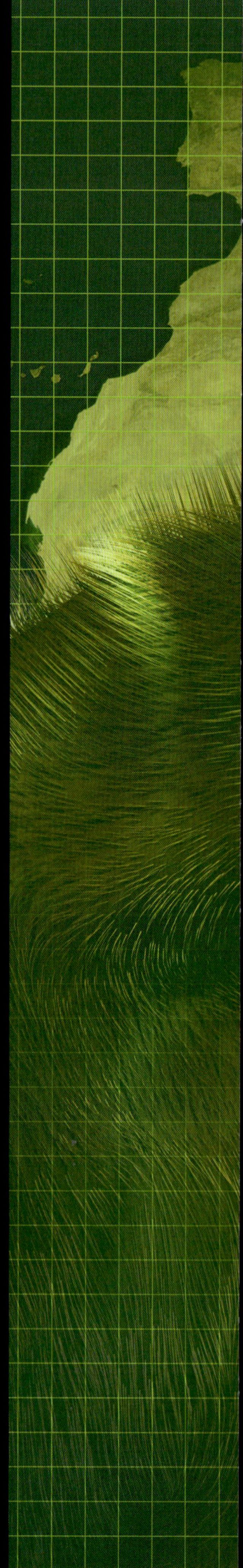

163904567598509.098.08e83r93.00/43740.9-93776767-------

分　布

20世纪初，在肯尼亚全境生活着一种叫作南迪熊的动物，然而，如今人们只能在这个国家的北部地区见到它们。

南迪熊

肯尼亚北方的南迪人中间依然流传着一种凶猛动物的传说，它是冷酷的杀手，在夜晚出没，专吃猎物的大脑。这种怪兽有很多称呼，不过最初西方探险家称它们为“南迪熊”，因此这个名字流传最广。不过，在现在的非洲大陆没有已知的熊类，因此神秘动物学家对这种神秘食肉动物的真实身份一直存在争议。它是曾经生活在非洲北部的阿特拉斯熊的后裔，或是一种巨型狒狒，还是曾经盛极一时而现在却仅存少量的巨型土狼?

潜在危险：高

尽管南迪熊通常只捕食家畜，但是有许多当地人说，这种动物夜晚会潜入村庄，甚至闯入棚舍攻击人类。这似乎与殖民者所说的矛盾，他们说这种动物看到人会掉头就跑。

寻踪觅迹

南迪熊是悄无声息、神出鬼没的猎手，只在夜里接近人类的居住地。它会留下有5个脚趾的大脚印，这与狮子等大型食肉动物明显不同。

安全距离

遥控相机已经捕捉到了目标——躲在隐蔽处保持安静。

栖息环境 这种神秘动物大部分时间待在森林中，只在夜里走出森林。

食物 据说南迪熊主要以家畜为食，然而有机会时也攻击人类。从吃猎物的大脑这个习性来看，这种动物有些像斑点土狼——进一步证明这种动物与土狼存在着某种联系。

存在过的证据

殖民者的传说

早在20世纪初，在肯尼亚的几位白人殖民者写过他们遭遇南迪熊的故事。杰弗里·威廉姆斯在叙述中说：“比熊大……而且相当健硕。身体前端长着厚厚的毛……头部长而尖，确实很像熊。”

鬣狗还是狒狒?

也许对于南迪熊最令人信服的解释是，它是一种现存的短面鬣狗，这种身躯跟狮子一般大小的食肉动物大约10万年前生活在非洲大陆。其他的观点认为，它们是巨型狒狒或曾经生活在非洲的幸存的阿特拉斯熊。

999790790.789.7

历史记录

公元1900年

1912年
杰弗里·威廉姆斯的报告让世人开始关注南迪熊。

1919年
农民卡拉·巴克斯顿发现一些脑髓被吃掉的死羊——罪魁祸首被认为是一只体形巨大的土狼。

公元1920年

1925年
一只庞大的野兽从南迪村的茅舍中绑架了一位小女孩，当地村民向政府求助。

公元1940年

1935年
古生物学家路易斯·李基暗示，南迪熊可能是一种叫作爪蹄兽的现存史前哺乳动物。

公元1960年

1957年
地产经理道格拉斯·赫顿射杀了两只动物，它们的骨骼后经内罗毕博物馆鉴定为“巨型森林土狼”。

现今

短面杀手

如果南迪熊是现存的短面鬣狗，那么它就是体形如狮子般的令人胆寒的杀手，它凶猛异常，可将猎物咬得粉碎。然而，一些人认为，“食脑髓”的猎食行为实际上可能是其他动物所为。

体形对比

身高：1.8米

体重：300千克

分 布

恩内迪虎有很多称呼，它们生活在乍得和中非共和国北部。

恩内迪虎

恩内迪高原位于乍得北部，并横亘其邻国中非共和国。当地人警告游客小心一种比狮子更健硕强悍的可怕的食肉动物，它长着一对像海象一样凶恶的牙齿。来非洲大陆打猎的西方人还听过它的嚎叫，当地人的描述与之惊人一致。这种被当地人称为山虎的动物会不会是现存的上次冰川期遍布全世界的剑齿猫科动物?

潜在危险：中

恩内迪虎是一种无所畏惧的食肉动物，不过，这种动物似乎不愿与人类正面接触。虽然没发生过广为人知的袭人事件，但情急下它的反应就不仅仅是自卫了，因此接近时切记小心。

安全距离

目标靠近但毫无警觉——待在原地不动且不要激怒对方。

栖息环境 这种“虎”远离人类居住地和农田，更喜欢在荒凉的山洞和大山深处安家。

食物 一般而言，恩内迪虎以野生羚羊为食，不过必要时也会捕食河马这类庞大和凶猛的动物。

寻踪觅迹

被这种凶猛的猎手杀死的动物身上都会留下它巨大牙齿的咬痕。然而，这一猎手的习惯是将猎物拖到安全的洞穴中就食，因此人们很难看到这些动物的残骸。

历史记录

1910年 一位法国陆军军官带领一队士兵穿过位于现在中非共和国的巴吉明河时，看到一只剑齿“水狮”攻击一名士兵。

1937年 殖民者卢西恩·布兰科在中非共和国一个部落长老那里了解到一种叫“格拉辛莱姆”、体形如狮子的红色猫科动物。

约1963年 克里斯蒂安·勒·诺埃尔第一次听说山虎的故事。

现 今

存在过的证据

山虎

20世纪60年代，经验丰富的法国猎人克里斯蒂安·勒·诺埃尔深入中非大峡谷，突然听到一种以前从未听过的大型猫科动物的嚎叫。他的向导警告他这是山虎，尽管他们手持猎枪，还是不肯靠前半步。

另一种剑齿猫科动物?

令人惊讶的是，不仅只有这一种剑齿猫科动物，当地人说，还有另一种尾巴很长并且大部分时间生活在水里的剑齿动物。据说这是一种“水狮”，主要以鱼为食，不过它也攻击其他动物。

虎皮纹

恩内迪虎存在的最有说服力的证据之一是当地人对它的描述极为一致。他们说这种虎长着长长的尖牙和短尾、粗壮有力的前肢，红色的虎皮上长着白色的条纹。

体形对比

身高：1.5米

体重：240千克

999790790.789.7

康加马托

赞比亚的卡翁德人生活在恐惧之中，因为有一种大鸟悄无声息地在禁乌度沼泽上空盘旋，使船只倾覆并攻击渔民。不过这种鸟没有羽毛，而是翅膀上覆盖着皮状膜，它的尖嘴是可怕的武器。事实上，这种被当地人称为康加马托（翻船者）的动物不像现代的鸟类，看起来更像史前翼龙。被认为在约6500年前与恐龙一起灭绝的会飞的爬行动物是否仍然生存在非洲湿地的深处呢?

存在过的证据

《非洲探险》

1923年，英国官员弗兰克·H.梅兰德在他写的《非洲探险》中叙述了自己在罗得西亚（现在的赞比亚）北方民族中生活的经历。他是第一个听到当地人讲康加马托故事的人。弗兰克觉得很有趣，就向目击者展示各种现存和灭绝的飞行动物的照片。那个目击者坚持称，翼龙形象与康加马托最接近。

有翼怪兽

见过康加马托的人说，它是一种相对较小的翼龙，翼展达2米。但是在纳米布沙漠等非洲其他地区，有人报告称见过更大的会飞的爬行动物。

999790790.789.7

分 布

在整个非洲中南部地区都有目击状似翼龙的动物的报告。

栖息环境 这些生物通常生活在人迹罕至的湿地。

食物 康加马托与翼龙外形相似，一般认为它们以鱼为食，也许这就是它们攻击渔民的原因。

潜在危险：高

虽然这种会飞的爬行动物体形小，无法捕食人类，不过它的尖嘴依然会给人造成严重伤害。

体形对比

体长：1米

翼展：2米

体重：4千克

寻踪觅迹

康加马托就好像一架无声的滑翔机，可以毫无预兆地攻击人类。据说它们可以潜入水下，在渔船下方顶翻渔船，让船上毫无防备的人掉入水中，康加马托（翻船者）因此而得名。

安全距离

目标在飞行中——保持安全距离并继续观察。

是蝙蝠还是爬行动物？

一些研究人员认为，康加马托或许不是翼龙，而是巨大的蝙蝠，因为一些在非洲偏远地区的探险者声称遇到过尚未被科学界了解的巨型蝙蝠。

历史记录

公元 1920 年

1923年

弗兰克·梅兰德让西方科学家注意到康加马托的存在。

公元 1940 年

1942年

渔猎执法官查尔斯·皮特曼上尉称，在现代安哥拉和刚果民主共和国的交界处看到了状似翼龙的动物。

1957年

赞比亚曼萨县的一家医院收治了一位胸口受重伤的患者，据说他曾遭到一只会飞的爬行动物的攻击。

公元 1960 年

公元 1980 年

1988年

教授罗伊·麦卡尔带领一个探险队前往纳米比亚，收集在该地发现的一种会飞的巨型爬行动物的信息。

公元 2000 年

现 今

分 布

虽然最近的目击事件大多集中在刚果共和国泰莱湖区域，但是更早以前，有人在赞比亚见过这种动物。

魔克拉-姆边贝

一个多世纪以来，在非洲刚果河流域的丛林中，探险者总会看到一种巨型长颈的动物，在当地的林加拉语中，这种动物叫魔克拉-姆边贝，即“阻断河流的动物”。许多记录显示，这是一种爬行动物，根据当地人的描述，这种动物与叫作蜥脚龙的长颈食草恐龙十分相似。梁龙和雷龙等著名恐龙都属于这类动物，人们认为在至少6500万年以前这些恐龙已经灭绝了。这种动物可能是至今仍然存活在非洲沼泽中的恐龙吗？

寻踪觅迹

这些动物身躯庞大，重量惊人，所以有时候它们会在密林深处的地面上留下深深的巨大脚印。探险者也听到过奇怪独特的叫声，也许它们在彼此交谈。

长颈食草动物

生物学家认为，蜥脚类恐龙可能是为了吃树上的叶子才进化出长长的脖子。这类动物尽管躯体巨大，但是大脑很小，智力有限。

安全距离

目标表现平静——保持距离，切勿惊扰。

栖息环境 这种动物在不同地区有不同的名字，普遍认为，魔克拉-姆边贝生活在阴暗的森林湿地中。

食物 根据当地人的描述，魔克拉-姆边贝是一种食草动物。蜥脚类恐龙也是一种只以植物为食的动物，因此这进一步加强了这种动物与已经灭绝的蜥脚龙存在某种联系的观点。

存在过的证据

早期的目击报告

早在20世纪初，德国殖民者和探险者就声称，在刚果丛林中有一种躯体庞大的未知怪兽。而早在1776年，法国传教士博纳文杜尔就声称见过巨大的脚印。

搜寻魔克拉-姆边贝

自20世纪20年代起，无数的探险队深入丛林寻找魔克拉-姆边贝，虽然记录了当地人的描述并找到了像恐龙一样的脚印（见上图），但是没有人能拿出确凿的证据证明这种动物的存在。

历史记录

公元1900年

1909年

陆军少尉保罗·格拉茨讲述了当地（位于今天赞比亚）一种名叫魔克拉的类似恐龙的动物的传说。

公元1920年

1919年

史密森动物保护研究学会的探险队发现巨大的不明生物脚印，并听到奇怪的吼叫声。

公元1940年

1932年

动物学家伊凡·T. 桑德森报告称，在曼纽河流域发现了一只巨大的受伤野兽。

公元1960年

1976年

爬行动物专家詹姆斯·H. 鲍威尔展开了搜寻魔克拉-姆边贝的第一次现代探险。

公元1980年

现今

体形对比

身高：5米

体长：9米

体重：10 000千克

潜在危险：中

科学家说，蜥脚类恐龙只以植物为食。然而，它们身躯巨大并且无法预料其与人遭遇时的反应，当地人说这种动物具有攻击性，因此还是应该保持警惕。

1639045675985O9·098·08e83r93·00/43740·9-93776767-------27896907
e83r93·00/43740·9-93776767-------278969074987·97979·08735

亚洲和其他地区

在陆地面积广阔的亚洲大陆和数不清的岛屿以及遥远的澳大利亚，生活着丰富多样的神秘动物。有从神话传说里走到现实中来的越南七头蛇神，也有人们普遍认为已经灭绝的澳大利亚古巨蜥。这里还有最令世人关注的类人动物——喜马拉雅高原雪人和印度尼西亚群岛上的红毛猩猩。

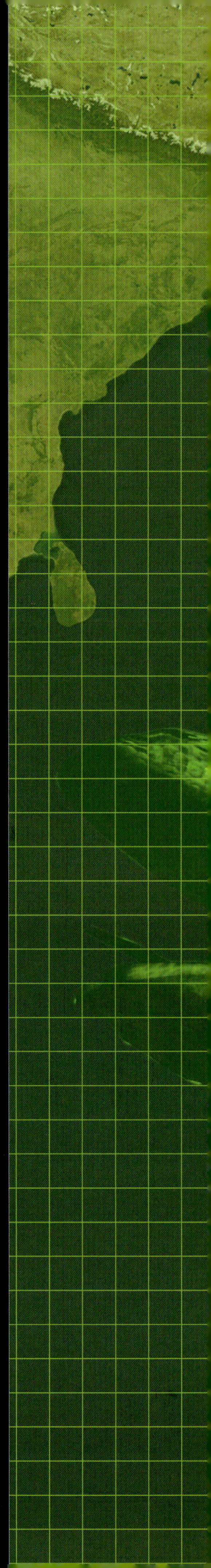

分　布

狮身鹰首兽最初生活在中亚地区的大草原上，现在遍布整个欧亚大陆，不过人们很难见到它们。

狮身鹰首兽

在所有传说的怪兽中，狮身鹰首兽属于最具威严的一种，它长着狮的身子，鹰的头和鹰的翅膀。它是一种凶猛而又高傲的食肉动物，有着像龙一样储藏金子的癖好。狮身鹰首兽最初出现在公元前5世纪的文学作品中，在当时希腊作家的笔下，它们是生活在乌拉尔山脉以东的中亚神兽，不过关于它们的传说可以追溯到更古老的时期。最令人惊奇的是，在狮身鹰首兽的故乡，在具有大约3000年历史且保存完好的勇士木乃伊的皮肤上，仍然可以看到这种动物形象的文身。

交配习性

狮身鹰首兽一生只有一个配偶，当配偶死去，另一半不会再寻觅新的配偶。然而，偶尔人们也会听到狮身鹰首兽与马交配的传说，生下的是一种叫作骏鹰的稀有杂交动物。

安全距离

警告：目标危险但毫无警觉——保持警惕！

栖息环境 这些凶猛的动物生活在偏僻的旷野和山区。

食物 虽然狮身鹰首兽被激怒时也会吃人，但它们主要还是以马为食。据说，狮身鹰首兽之所以对马恨之入骨，是因为在古代它们的祖先与阿里玛斯波伊人的骑兵发生过交战，如今吃马肉已成为其天性。

潜在危险：高

它们虽然外表美丽，但是不容否认，其鹰嘴和利爪是极其凶狠的武器。靠近它们时要极为小心，因为任何对峙或攻击的迹象都有可能立即招致无情的反击。

高贵的神兽

由于狮身鹰首兽具有陆地和空中动物的双重特征，因此它是历史上被广泛使用的象征符号。

历史记录

约公元前450年
希腊历史学家希罗多德根据早期作家的作品（现已失传）记述了狮身鹰首兽与阿里玛斯波伊人之间的战争。

约公元前400年
希腊医师克特西亚斯记录了波斯人对狮身鹰首兽的信仰。

约公元70年
老普林尼在《自然史》中详细描述了狮身鹰首兽。

520年
爱尔兰探险家圣·布兰登的船在一次长途航海旅行中遭到一只狮身鹰首兽的攻击。

公元前500年 — 0 — 公元500年 — 公元1000年 — 现今

寻踪觅迹

交配之前，雌雄狮身鹰首兽会沉溺于频繁而嘈杂的求偶期的缠斗之中，这让人们从另一方面见识到了它们的难以捉摸。

存在过的证据

希腊人的述说

根据希腊人的讲述，狮身鹰首兽生活在中亚，为了争夺这个地区金矿中的大量金子，它们与外形像独眼巨人的阿里玛斯波伊人战斗。一些无神论者认为，狮身鹰首兽的传说源自曾经在这一地区发现的鹰嘴恐龙化石。

标志性文身

公元1世纪，老普林尼在他的《自然史》中记载了狮身鹰首兽。这使得狮身鹰首兽后来成为中世纪欧洲家喻户晓的神兽，它们也由此成了高贵骁勇、智勇双全的象征。

体形对比

体长：3米
翼展：4米
体重：180千克

蒙古死亡蠕虫

在大漠戈壁的流沙中，隐藏着一种人们很难看见却异常恐怖的怪兽——死亡蠕虫。这种巨大的红色蠕虫可以长到1.5米长，它有两样强大武器——吐向猎物的致命酸液和能远距离杀死或至少击昏猎物的高压电。

存在过的证据

追踪死亡蠕虫

罗伊·查普曼·安德鲁斯是20世纪20年代在戈壁沙漠研究化石的一位古生物学家，西方人首次通过他的记述了解到了死亡蠕虫的存在。后来作家根据查普曼的冒险经历创造了印第安纳琼斯这一英雄形象。

到底是什么动物？

对于这种奇异生物的解释众说纷纭，不过有一点几乎可以肯定，它不是真正的蠕虫，因为蠕虫在干旱的沙漠中会迅速变干。它们可能是四肢退化的蜥蜴、某种毒蛇或适应陆地生活的电鳗。

999790790.789.7

分　布

死亡蠕虫只生活在蒙古南部的戈壁滩和中国北部的沙漠中。

栖息环境　在长满扎根很深的梭梭树的酷热凹地，这种蠕虫最常见。也许它利用这种植物根系长期存储水分能力维持生命。

食物　死亡蠕虫可能利用毒液和电击制服体形较小的沙漠哺乳动物，然后再将它们吃掉。

潜在危险：极高

或许对死亡蠕虫攻击本领的描述有些言过其实，然而这种动物毫无疑问是一种动作敏捷的杀手，最好避而远之。

体形对比

身高：90厘米

体长：1.5米

体重：30千克

寻踪觅迹

死亡蠕虫大部分的时间待在地下，流沙会迅速掩埋它们的洞穴。它们通常在雨季时出现在地面上，或许是因为被水浸泡的土壤迫使它们爬到地面上。

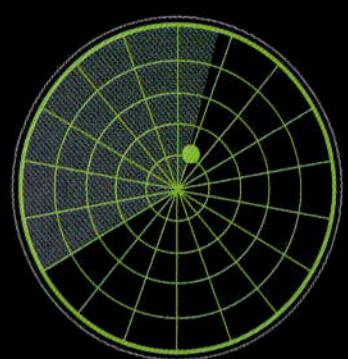

安全距离

警告：目标极具攻击性——检查防护服并缓慢后退。

噩运当头？

生活在大漠戈壁的蒙古人认为，死亡蠕虫非常可怕，甚至听到它的名字的人都会倒霉。

历史记录

公元 1900 年

公元 1920 年

1926年

罗伊·查普曼·安德鲁斯在他的《踏上古人的足迹》一书中描述了这种蠕虫。

公元 1940 年

公元 1960 年

公元 1980 年

1990年

捷克探险家伊凡·马茨克莱领导了历史上两次寻找死亡蠕虫探险中的头一次。

公元 2000 年

2003～2004年

又进行了两次西方探险，收集当地有关死亡蠕虫的传说，但是没有发现这种生物。

现 今

分 布

在整个南亚地区都流传着那伽蛇神的传说，可能
期这种巨蛇在这个地区分布很广泛。

那伽蛇神

在南亚的大部分国家，佛教徒和印度教徒都尊崇这种叫作那伽的蛇神。泰国人和老挝人最虔诚，因为他们坚定地认为这种蛇神是一种真实存在的生命。据说这种巨蛇头上长冠，大部分的时间待在地下洞穴中，不过在湄公河流域，它们偶尔出现会惊吓到当地的人和牲畜。

寻踪觅迹

那伽蛇神主要在水下穿行，来无影去无踪。然而，据泰国人说，每年10月，湄公河流域就会出现闪闪发光的火球，这种所谓的“那伽之光”就是它发出的。

潜在危险：高

当地流传着各种关于那伽蛇神的传说，对它褒贬不一。各种迹象显示，除非被激怒，这种蛇不会威胁人类。然而，根据一些佛教徒叙述，那伽蛇神能够通过喷射毒液和缠绕将猎物杀死。

安全距离

目标静止不动但具有攻击性——切勿激怒它！

栖息环境 人们通常在河流或接近河流的地方看到那伽蛇神。人们认为，它们大部分时间待在水系附近的地下洞穴中。

食物 与其他大型蛇类一样，那伽蛇神可能主要以小鹿和其他森林动物为食。这样大的蛇进食一次后可几个星期或几个月不用再进食。

有冠巨蛇

在所有对那伽蛇神的描述中，它的头上都有一个冠状的东西，当被激怒时，这个冠会竖起。

历史记录

1968年 一张日期不详、来源不明的照片在泰国广为流传，照片上一组美国大兵托着一个巨大的像鳗鱼一样的动物。

1992年 据说在蓬披赛地区，正在改建一座寺庙的工人惊扰到了那伽蛇神。

1997年 警察局长素巴和许多人在靠近蓬披赛的湄公河流域看到那伽蛇神。

2006年 众人聚集在廊开府的一条河流边围观所谓的那伽蛇神。

现今

存在过的证据

那伽蛇神调查

2000年，英国福特因动物研究中心的研究员理查德·弗里曼前往泰国寻找那伽蛇神。虽然他没有找到确凿的证据，但是他获得了许多可靠的证词。有一位当地的警察局长曾经在当地的河流中看到一条巨大的蛇游过。村子里一位长老回忆说，在当地的一个洞穴中曾近距离地见过那伽蛇神。

到底是什么动物？

有些人认为，河流中出现的那伽蛇神可能是一种巨型皇带鱼。但是弗里曼则认为，它可能是一种巨蛇科动物——与恐龙一同进化的原始巨蛇类中的一种。它们大约在1万年前生存在澳大利亚。

体形对比

身高：4米

体长：9米

体重：350千克

分　布

雪人是一种生活在喜马拉雅山上的生物，有人在尼泊尔和中国西藏见过它。

雪　人

生活在喜马拉雅山上的村民一直流传着一个关于巨型长毛野人的传说，它出没于海拔较高的喜马拉雅山的山坡上，甚至外来者偶尔也见过它留下的巨大脚印。如今，雪人是全世界最著名的奇异动物之一，不过直到1921年，人们才开始知道有雪人的存在，当时查尔斯・霍华德–伯里中校在海拔6500米的高山上发现了雪中的奇怪脚印，于是“喜马拉雅山雪人”的传说传播开来。事实上，很久以前就有关于雪人的记录——维多利亚女王时代的几位旅行者讲述过喜马拉雅山当地人关于雪地中有一种类人猿动物的传说。

寻踪觅迹

雪人通常躲避人类，不过它们的脚印证明这种生物确实存在。人们很难见到雪人，偶尔见到它时往往距离较远，只能看到一个高大模糊的黑影笨拙地在雪原上移动。

存在过的证据

头皮和断手

尼泊尔的Pangboche寺院的僧侣供奉着一个据称存放雪人头皮的神龛，然而科学家认为它是由牦牛皮做成的。其他的线索更具说服力——探险队员带回的毛发样品似乎来自某种未知的灵长类动物。20世纪90年代，有人从波切盗取了一只“雪人断手”，研究显示，这只手的肌肉组织不属于人类，但“接近人类”。

雪中脚印

许多攀登过喜马拉雅山的登山者声称见过巨大的脚印，其中包括埃德蒙・希拉里爵士和丹增・诺盖先生——1953年他们成为人类历史上最先登上珠穆朗玛峰的登山家。埃里克・希普顿拍摄了一张著名的脚印照片，脚印的旁边放置了一个做比例参照的破冰斧（见下图）。希普顿和他的同伴跟着这个脚印走了大约1.6千米。持怀疑态度的科学家说，他们误将熊的脚印当成了雪人的脚印，但是这个脚印的形状，特别是巨大的大脚趾，看起来更像是类人猿的。

安全距离

目标有戒备——保持距离，切勿惊慌。

栖息环境　虽然人们通常在雪人经过雪原的时候发现它们，但是为了觅食，它们大部分时间必须待在海拔相对较低的森林中。

食物　雪人是杂食动物，除了吃果子和植物，它们也捕食牦牛、绵羊和野山羊。

潜在危险：很低

虽然雪人孔武有力，令人生畏，但是它们通常很羞怯，避免与人类接触，偶尔闯入人类居住地也是为了猎捕家畜而来。

历史记录

1832年　第一份关于喜马拉雅山未知两足动物报告在《孟加拉亚洲学会会志》上发表。

1921年　查尔斯·霍华德-伯里发现雪人足迹，但看起来像狼的足迹（虽然在那一地区没有狼）。

1951年　英国登山者埃里克·希普顿在攀登珠穆朗玛峰的途中拍摄到了著名的雪人脚印照片。

1953年　希拉里和诺盖称在攀登珠穆朗玛峰的过程中看到雪人脚印。

1957年　美国石油大亨汤姆·斯利克为人类第一次寻找雪人的探险队提供了资金。

1984年　美国登山者大卫·谢帕德声称，在攀登珠穆朗玛峰的几天中，一个雪人一直在跟踪他。

2004年　继发现“霍比特人（见第132页）”之后，科学界开始重新审视证明雪人存在的证据。

现今

是一种还是三种?

一些研究人员认为，人们描述的雪人实际是三种不同的动物——像人一样的长毛野人，体形较小的类人猿，以及体形较大的喜马拉雅棕熊——一种有时直立行走的未知熊类。

体形对比

身高：2.5米

体重：220千克

旅行者的传奇故事

从15世纪开始，伟大的探险者们开始探索世界，而在此之前，只有少数经常旅行的商人和朝圣者对印度洋以及更遥远的国度进行过描述，几经辗转传回西方。这些记录中加入了人们对东方的想象，许多奇异古怪的动物也被记载其中，但那些奇特怪兽真的曾经存在过吗？

1357年，一部中世纪的畅销书问世。《约翰·曼德维尔爵士航海及旅行记》声言是一部秉承《马可·波罗游记》传统的旅行日志。该书详细记述了这位唯利是图的骑士在埃及、印度、中国和其他国家的旅行见闻。大约在100年的时间里，这部书是仅次于圣经的畅销书。然而到了17世纪，人们普遍认为他是一个“欺世盗名的骗子”。如今，人们认为这部书的作者——说英法两种语言的英国爵士——从来就没存在过。

经过3个世纪的探索，人们才发现曼德维尔的游记是幻想出来的，真实的亚洲与他在书中展现给世人的完全不同。而曼德维尔所虚构的东方也已经是几个世纪前的了。

曼德维尔描述过一种长着豺或狗头的“狗头人”，或许这是他描写的怪人中流传最广的。最著名的“狗头”神或许是古埃及的豺头人身神阿努比斯。然而在中世纪却有另外的说法，众所周知的克里斯蒂安·圣克里斯托弗实际上是一个长着狗头的巨人。

在曼德维尔的笔下还有其他怪人，如像农牧神一样的野人、独眼巨人、食人族和脸部比肩膀低的人。他也描写过侏儒一样的单脚怪，仅靠一只大脚跳跃行走，有时这只脚也可以帮它遮挡阳光；还有帕诺蒂——也能用巨大的像兔子一样的耳朵为自己遮阴。曼德维尔描写的一些部族很显然是人类，但同样也有各种怪癖。有一个部落，那里的人只闻苹果的味道就能生存；还有一种侏儒族，嘴十分小，必须通过芦苇管往嘴里送食。

几个世纪以来，约翰·曼德维尔爵士的神奇故事一直让历史学家迷惑。他的故事中出现的奇怪动物似乎不够真实，但是涉及地理的描述却很准确。一些人认为曼德维尔其实是一名法国外科医生，在埃及待过一段时间，收集了远东商人和传教士讲述的故事。曼德维尔描写的许多怪物似乎出自公元1世纪罗马作家老普林尼的《自然史》，不过还有些怪物看起来是他自己的创作。曼德维尔游记是他自己的丰富想象还是另一位旅行家珍贵的真实经历呢？

存在过的证据

寻找狗头人

神秘动物学家伯纳德·霍伊维尔曼对曼德维尔描写的至少一种奇怪动物的由来持有一种很独特的观点。他提出，马达加斯加发现的一种奇怪动物启发曼德维尔创造了狗头人的故事。大洋中的马达加斯加岛生活着一种叫作狐猴的灵长类动物（见右图），它们的身体像猴子，却长着长且像狗一样的脸。它们当中的一些甚至在地面上像“跳舞”一样直立行走，看起来十分像人。岛上曾经生活着各种较大的狐猴，包括体形像大猩猩一样的巨狐猴，然而如今只有体形较小的种类存活了下来。中世纪旅行者描述的这种身材像人却长着长形狗脸的动物到底是什么？

体形对比

身高：2.1米

体重：100千克

分 布

奇怪的类人动物往往在印度洋和东南亚等地区被发现，但是世界各地都有类似的传说。

这是15世纪《世界奇观》一书中的插图，图中画的是一个长着狗头的已开化的民族，一般认为，这个民族当时生活在靠近印度的孟加拉湾的阿格曼群岛上。

这幅早期的版画展示的是各种被认为生活在“神秘东方”的奇异动物——鹤颈鸟嘴的类人动物和脸部长在胸前、根本没有头部的人类！

历史记录

约1010年
德国主教瓦尔特・冯・斯派尔写了一部关于圣克里斯托弗的传记，书中的圣徒是一个狗头巨人。

1247年
圣方济会的修道士乔安妮・德・普拉诺从东方传教后返回，并写下了蒙古大汗窝阔台与狗头人部落战斗的故事。

约1300年
为赫里福德大教堂绘制的世界地图描画了许多怪物，后来这些怪物被曼德维尔写在了自己的书中。

1357年
《约翰・曼德维尔爵士航海及旅行记》出版，立即成为畅销作品。

现 今

分　布

红毛猩猩只生活在苏门答腊岛，但是在更古老的传说中，苏门答腊岛附近的岛屿上有一种长毛小矮人。

红毛猩猩

几个世纪以来，印尼苏门答腊岛中部森林中的苏库阿纳克达拉姆人与一种长毛小矮人共同生活在岛上，这种长毛小矮人被称作红毛猩猩，或“小矮人”。人们对这种动物的描述惊人一致，其中最显著特点是，这种动物直立行走。附近的村民和西方探险者也见过它们。目前许多科学家认为，苏门答腊岛确实存在一种未知的类人猿，而在附近一座岛屿上的新发现促使人们采取切实的工作去发现和保护红毛猩猩，以免它们灭绝。

灵长类动物还是原始人类?

各种特征显示，红毛猩猩像黑猩猩和长臂猿一样是一种类人猿。对于它或许是原始人类（人类的近亲）这种观点，还存在着诸多争议。在没有拍摄到这种神秘动物的照片或发现其尸体之前，我们无法确切地知道它位于灵长类动物进化树的哪个位置。

存在过的证据

脚印和毛发

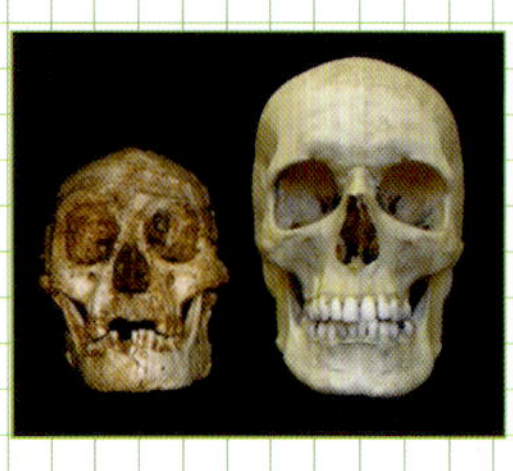

2001年和2003年，前往苏门答腊岛的探险队提取的脚印和毛发与已知物种都不匹配。它们显然来自一种未知动物。

现存的霍比特人?

2003年，在弗洛雷斯岛进行科研工作的考古学家宣布发现了一种小矮人，他们在几千年前曾盛极一时。考古学家很快给他们取了绰号“霍比特”，不过现在人们称他们为弗洛勒斯人。莫非这些小矮人就是现存的红毛猩猩?

寻踪觅迹

根据描述，红毛猩猩的脚印兼具长臂猿、猩猩、黑猩猩和人类的特点。虽然不同的红毛猩猩毛发呈现不同颜色，但是，它们通常看到的为红色。

安全距离

目标警觉但没有攻击性——避免妄动。

010011101
_10011101
010000

栖息环境 目击红毛猩猩的事件多发生在苏门答腊岛中部的茂密雨林中。

食物 这些类人猿以素食为主，似乎以森林植物为食，不过偶尔也会冒险到村边的果树上摘些水果。据说它们特别喜欢吃姜根，不时也吃些昆虫和螃蟹等小动物。

用镜头捕捉？

科学家希望利用触发式相机（动物经过红外光束时可触发自动拍摄功能的相机）拍摄红毛猩猩以证明它的存在。20世纪90年代，科学家在丛林中的不同地方安装了这种相机，但是至今未拍摄到红毛猩猩。

历史记录

1923年 一位名叫范・希尔沃登的荷兰殖民者成为首个报告遭遇红毛猩猩的西方人。

1990年 英国科学家黛比・马蒂尔和杰里米・霍尔登开始一项抓拍红毛猩猩的长期项目。

2001年 一组英国探险队发现并提取了红毛猩猩的脚印，经证实它是一种未知类人猿。

2005年 美国国家地理学会为拍摄红毛猩猩开始安装触发式相机。

现今

潜在危险：低

红毛猩猩显然是一种胆小的动物，对人类或家畜没有危害。相反，建筑和滥砍滥伐等人类活动，可能给这种神秘类人猿的生存造成巨大的威胁。

体形对比

身高：1.2米

体重：35千克

6360387-080-0.327864658494O9------999790790.789.7---8789468968940.0.0

分　布

虽然猩猩巴提是生活在塞兰岛的动物，但是有人声称，远在越南有一种与它类似、像蝙蝠一样的、真实存在的动物。

猩猩巴提

印度尼西亚塞兰岛上的居民十分害怕一种长着类似蝙蝠翅膀的类人动物，它们在夜间从凯拉图山的洞穴中飞出，突袭毫无设防的村庄，绑架那里的儿童。村民们称这种动物为猩猩巴提（“翼人”），但是根据大多数对这种动物的描述，它更像是一种浑身是毛的猴子，而不像人。在东南亚国家，也有人见过这种类似巨型蝙蝠的类人动物，不过似乎只有塞兰岛上的这种动物变成了可怕的食肉动物。

蝙蝠人

目击者的描述显示，猩猩巴提体长大约1.5米，长着像蝙蝠一样的巨大翅膀，上面覆盖着黑色的毛。

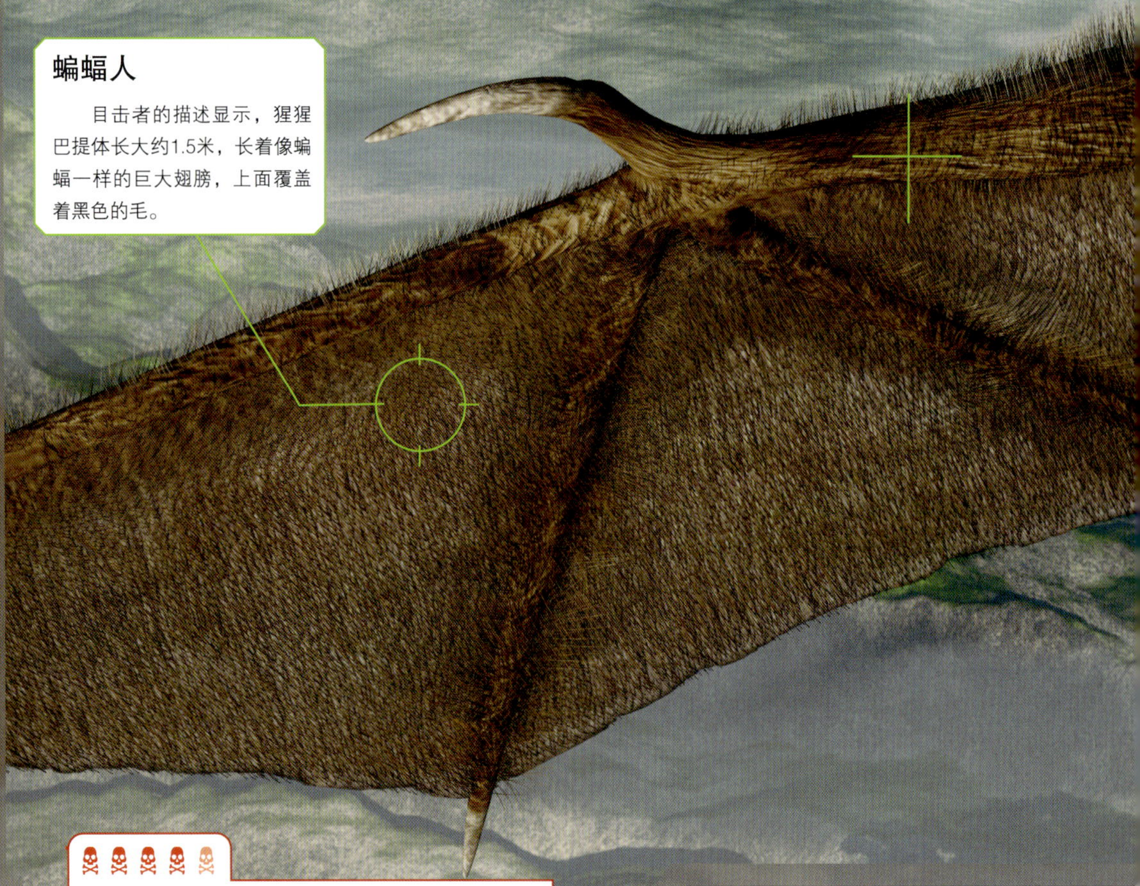

潜在危险：高

如果单从绑架儿童这一点上判断，猩猩巴提毫无疑问是一种可怕和危险的食肉动物。然而，也有可能一种相对无恶意的巨型蝙蝠才是这类绑架事件的主角。

安全距离

警告：目标高速飞行——有必要躲避！

栖息环境 据说猩猩巴提的巢穴位于死火山凯拉图山中。

食物 在其他地方，类似猩猩巴提的动物以猴子为食，而塞兰岛上没有其他灵长类动物，或许这就是它们似乎习惯绑架塞兰岛上小孩的原因。

历史记录

公元1900年

1925年

探险家欧内斯特·巴特尔斯看见被称为蝙蝠猴的巨型蝙蝠，爪哇岛萨莱克山上的当地人说这种蝙蝠吃鱼。

公元1920年

公元1940年

公元1960年

公元1980年

1987年

泰森·休斯收集当地关于猩猩巴提的传说，但寻找它的巢穴未果。

公元2000年

现 今

寻踪觅迹

猩猩巴提是夜间行动的猎手，在毫无预兆的情况下袭击沿海的悠然村等村庄，离开之后毫无踪迹可寻。虽然人们很少见到它们，但是有时在凯拉图山的山麓可以听到它的哀鸣。

存在过的证据

传教士的描述

外界对猩猩巴提的了解主要来自一位传教士和后来愿意到这些偏远岛屿探险的志愿者。20世纪80年代，一位英国志愿者泰森·休斯收集了当地关于巨型蝙蝠的传说，在亲眼见过这种动物之后，开始相信一切并非传说。

到底是什么动物？

尽管塞兰岛上的村民们坚称，猩猩巴提是一种会飞的类人动物，但是科学尚无会飞的灵长类动物的证据。也可能是其他生物：某种巨型果蝠（见右图）；甚至是一种现存的像康加马托的翼龙（见第116页）。实际上，目前有充分的证据证明某些大型翼龙进化出了它们自己特有的“毛”。

体形对比

身高：1.5米

翼展：4米

体重：50千克

伊西湖怪

日本民间传说中有数不尽的奇怪生物，但是最有名的当属一种真实存在的池田湖（九州岛南部很深的火山湖）水怪。日本“伊西”湖怪是根据苏格兰“尼斯湖水怪”而命名的，这种体长10米的动物具备典型的湖怪特征——小而像马一样的头、鳍状肢和长而隆起的躯体。关于这种湖中怪物的传说可以追溯到几个世纪以前，但是近代首次发现它是在20世纪70年代。虽然人们无数次试图通过摄像机或照相机捕捉伊西湖怪的身影，但是始终难觅它的踪影。

存在过的证据

传说中的伊西

日本民间故事中流传着许多海怪的故事，如琵琶湖中的巨型鲤鱼（见右图）。据说伊西湖怪原是一匹漫步在池田湖岸的美丽白色母马，然而有一天一位武士偷走了它心爱的小马驹。绝望之下，它投河自尽，然而它没有死，难抑的悲伤将它变成了巨大的怪物。

许多人同时目击湖怪

最著名的一个目击伊西湖怪事件发生在1978年，当时一个有20多人的大家庭在湖岸野餐，他们发现一个巨大的黑色隆起物在水面移动，此景持续大约4分钟。

999790790.789.7

分　布

伊西湖怪只出现在日本九州岛上的一个湖中。有意思的是，这个湖不与其他任何河流相连，因此这个动物是怎样来到这里的依然成谜。

栖息环境　据说这个湖怪生活在水下，经常浮上水面透气或观察周围环境。

食物　从池田湖的大小判断，伊西湖怪可能以鱼为食。

潜在危险：很低

无论伊西湖怪是一种什么生物，它明显对人类不感兴趣，也从未有它攻击人类的报告。

体形对比

体长：12米

体重：4000千克

寻踪觅迹

虽然总听到伊西湖怪露出水面的报道，但是人们通常看到的是一个或两个巨大的隆起，很难见到它的头部。

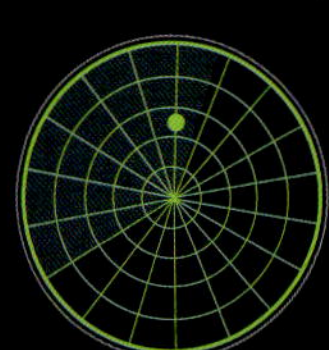

安全距离

目标浮出水面——保持不动并注意水面泛起的湍流。

鳗鱼或水马？

从人们推测的伊西湖怪的来历上看，它很有可能是日本通常所说的海中或湖中的“水马”。然而，池田湖中有一种可以长到2米长的鳗鱼，一些人一直认为伊西湖怪事实上是一种体形更大的“怪物鳗鱼”。

历史记录

公元1970年

1978年

丰氏家族成员看到伊西湖怪，引发了一波对传说中池田湖怪的关注。

公元1980年

1991年

有人拍摄到一段所谓伊西湖怪出现的视频，但是没有参照物，无法判断大小，因此这也许仅仅是湖中的一条巨型鳗鱼。

公元1990年

20世纪最后10年至21世纪头10年

仍有人看到过伊西湖怪，并有人在湖中拍摄到伊西湖怪，但是没有发现确凿的证据。

公元2000年

现今

凶猛的鳄鱼？

持怀疑态度的研究人员一直认为，人们看到的这种巨型爬行动物事实上可能是一种湾鳄，它的体长能超过6米。然而，报告所发现的古巨蜥通常出没在离湾鳄生活范围很远的地方，而且鳄鱼与蜥蜴体态差异很大，人们不太可能将两者认错。

母牛克星？

1968年，在澳大利亚昆士兰温热带雨林中训练的军人在一处偏僻的沼泽中发现一具母牛的尸体。很显然，它是被某种巨大的食肉动物撕成两半的，尸体附近还发现了巨型蜥蜴的脚印。

古巨蜥

巨大的食肉爬行动物，身长大约7米，体重近1吨，这听起来像是在描述某种恐龙时代的动物。但是令人震惊的是，事实上这种怪物在距今4万年的时候才在澳大利亚灭绝，它们曾经长期威胁着早期生活在这片大陆上的原住民。古巨蜥是一种巨型蜥蜴，或称“谷安”，它甚至比印度尼西亚岛屿上的科莫多龙（世界上最巨大的蜥蜴）还大很多。许多人相信，这种巨型动物从未真正灭绝。在整个澳大利亚，有无数人称见过巨型爬行动物，或许古巨蜥仍然生活在这片大陆上。

存在过的证据

专家的证实

1979年，爬行动物学家弗兰克·戈登开车时，汽车发动机的声音无意中惊扰到了一只巨型蜥蜴，这是目前澳大利亚有巨型爬行动物存在最有说服力的报告。戈登估算了这个动物的长度，而这个结果是他当时根据一根8~9米长的横木估算出来的。

神秘的沼泽怪兽

原住民中流传着许多沼泽怪兽的传说，这是一种通常生活在湖泊中的怪物（见右图）。有些人一直认为，如果现存的古巨蜥是两栖动物，也许可以合理解释传说中某些怪兽的存在。

999790790.789.7

历史记录

公元1960年

1968年10月 一些军人在澳大利亚昆士兰州训练时遇到一头据推测被古巨蜥“杀死”的母牛。

公元1970年

1979年 爬行动物学家弗兰克·戈登在澳大利亚新南威尔士州的瓦塔甘山上看见一只巨型蜥蜴。

公元1980年

1986年 在澳大利亚维多利亚州阿什伯顿河附近的露营者发现并测量了一只巨蜥留下的脚印。

公元1990年

现今

寻踪觅迹

虽然不能断定人们看到的就是古巨蜥，但是人们发现的特大巨蜥脚印和在脚印之间留下的尾部拖行痕迹，也许只有澳大利亚神秘的巨型爬行动物才能留下这样的踪迹。

分　布

目击巨型蜥蜴事件集中发生在澳大利亚昆士兰州、新南威尔士州和维多利亚州。有人在新几内亚岛上也发现过巨型蜥蜴。

栖息环境　古巨蜥似乎生活在森林密布的雨林和周围的灌木中。

食物　随着进化，这些巨型爬行动物以捕猎巨型袋鼠为食，而这种袋鼠在上个冰川期已经灭绝。如今，它们必须靠捕食各种体形较小的猎物为食，不过偶尔也会攻击本地的牛等家畜。

体形对比

身高：1.8米

体长：7米

体重：1000千克

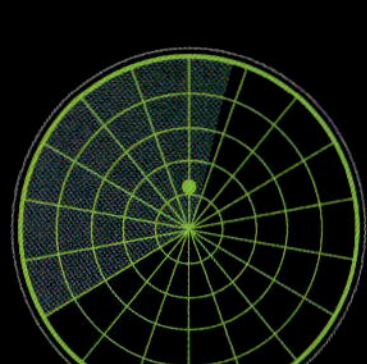

安全距离

目标警觉，有攻击性，而且移动速度快——撤离！

潜在危险：高

虽然古巨蜥大部分时间处于休眠状态，但是它们能突然加速奔跑，瞬间变成一个危险的食肉动物。众所周知，包括科莫多龙在内的几种巨型蜥蜴，咬食物时均能喷出烈性毒液。

澳大利亚野人

自18世纪后期第一批囚犯到达澳大利亚以来，偶尔就会有人看见一种奇怪而又长相滑稽的生物，看上去就像北美洲的大脚怪。人们亲切地称它为澳大利亚野人。这种独居动物身体庞大，头部较小，腿部细长，却长着一双大脚。虽然在当地的传说中，澳大利亚野人是一种可怕和邪恶的动物，但是大多数见过它的西方人认为，它的举止看上去像其他大型类人猿，喜欢威吓而非直接攻击对手。

分 布

在整个澳大利亚都有发现野人的报告，在东部地区尤为常见。

存在过的证据

野营时的遭遇

1912年，旅行中的测量员查尔斯·哈珀给《悉尼太阳报》写了一篇报道，称在新南威尔士州的克里克比利山露营时，一个奇怪的像类人猿一样的动物长时间在营地边缘徘徊。他回忆，这个动物跟人一样高，但身体更粗大，浑身是红褐色的毛，肚子下垂，几乎垂到了膝盖。这个奇异动物发出令人胆寒的尖叫，靠捶打胸部虚张声势，试图吓跑哈珀和他的同伴们，不过最终并没有攻击他们，而是自己退去了。

寻踪觅迹

澳大利亚野人的行踪隐秘，因此很难直接见到它们，但是可以通过它们的巨大脚印或留在空气中刺鼻体臭追踪它们。

潜在危险：中

虽然大多数遇到澳大利亚野人的人都平安无事，但是这种动物力大无比，被激怒时会变得凶猛异常。曾经有过攻击犬只和家畜的报道，人类与它遭遇时应该提高警惕。

安全距离

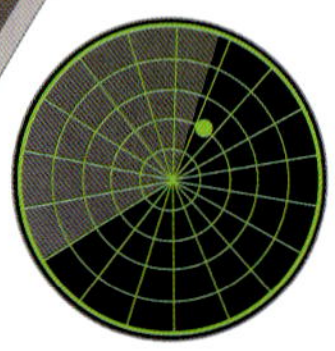

目标反应迟钝——可接近但切勿打扰！

栖息环境 这些像类人猿一样的动物往往生活在偏远山区和林地中。

食物 一般认为，澳大利亚野人主要以植物为食，但可能是杂食动物，遇到能吃的东西就吃。近来的一些报道称它们也会攻击家畜。

有袋类类人猿?

从外表上看，澳大利亚野人是像类人猿一样的动物，这表明它们与大脚怪和雪人一样，是人科动物，是我们人类的近亲。但是一些专家认为，这种怪兽可能是“趋同进化”的代表——一种有袋类哺乳动物经过数百万年的独自进化，逐渐变得像原始人类。

历史记录

1835年 首次报告发现原住民惧怕一种叫作“野蛮人”的野人。

1871年 乔治·奥斯本在新南威尔士州阿文戴尔附近看见一个澳大利亚野人，他成为第一个目击这种野人的白种人。

1912年 查尔斯·哈珀在新南威尔士州的山中遇到一个澳大利亚野人。

1977年 20名学生在澳大利亚昆士兰州斯普林布鲁克国家公园露营时发现一个澳大利亚野人。

1993年 在新南威尔士州的蓝山国家公园连续发现澳大利亚野人。

现 今

澳大利亚大脚怪

许多见过澳大利亚野人的目击者强调，这种动物长着不同寻常的特大的脚。提取的脚印模型似乎也显示，它长着对生脚趾，与人类的大拇指排列方式相同，可能是为了便于抓取食物。

体形对比

身高：2.2米

体重：140千克

词汇表

蚓蜥

蚓蜥也叫“蛇蜥”，是一种四肢退化的爬行动物。这种动物看起来十分像蛇，但是它们肢体的消失似乎是一种独立的进化现象，这样的进化很可能让这些皮肤松软的掘洞生物更易于在土中移动。

类人猿

灵长类动物，是人类的近亲。类人猿包括长臂猿、猩猩、黑猩猩、大猩猩和人类。

《天方夜谭》

内容丰富的波斯、中东和印度民间故事集。18世纪初，法国人安托万·加朗将这本书译成法语，《天方夜谭》首次进入欧洲语言。

大洋洲

这是南半球的一个大洲的统称，该大洲包括澳大利亚主要岛屿、新西兰和新几内亚岛，以及较小的周边离岛。

双足动物

大部分时间依靠两只脚而不是四肢行走的所有动物。人类、袋鼠和一些恐龙都是双足动物，猿类有些时候靠两足行走。

软骨

一种大多数动物身体中的坚韧、硬化的机体组织，而鲨鱼、鳐鱼和类似的鱼类骨骼都是由软骨构成的。

大蟒

一种蛇类，它通过缠绕猎物并勒紧或缩紧使猎物因无法呼吸而死。这种最大的蛇类，如蟒蛇和水蟒，往往利用缠绕收缩而非用毒液杀死它们的猎物。

神秘动物学家

试图通过历史研究、访问调查目击者和探索来发现未知动物和奇异动物传说背后真相的研究者。

恐龙

一种曾在干旱陆地上统治地球1.6亿年之久的特殊种群的爬行动物。恐龙的骨骼和髋关节与其他动物明显不同，已在6500多万年前正式灭绝。

生态系统

物种之间在一种特定栖息环境内彼此依存、相互联系的生存网络。生态系统中可以由植物、食植动物、食肉动物、食腐动物和寄生虫构成。

电磁力

能够产生电磁效应的力。强电磁场能使微弱电子运行产生混乱，而且有人认为，它们也能影响人的大脑，让人产生错觉和奇怪的感觉。

欧亚大陆

欧洲和亚洲大陆的总称，众所公认，欧亚大陆实为一体，其分界线在俄罗斯西部的乌拉尔山脉。

查尔斯·福特（1874—1932）

美国研究异常现象的先驱。所谓异常现象，是现有人类科学和知识无法解释的发现和现象。从鬼魂到蛙雨，从未知动物到天空中不明发光体，都是福特所关注的领域。“福特式”一词通常用于表示对待此类现象所采取的一种怀疑而又开明的方法。

化石

动物或植物的残骸被泥土或沙子掩埋后形成岩石，而后原始的“有机”物质形成同形状的耐久的矿物质。

属

包含若干近缘种的一类物种。现代人是人属的一个物种（智人）。

伯纳德·霍伊维尔曼（1916—2001）

一位比利时-法国动物学家和探险家，毕生研究未知动物存在的证据，他创造了形容这个研究领域的词语“神秘动物学”。他于1955年出版的《寻找未知动物》仍是这个领域最好的著作。

栖息地

某种生物最喜欢生活的自然环境，在这样的环境中觅食、掩蔽和交配。

人科动物

现代人类（属于智人种）或任何人类近亲。科学定义的人科动物包括大猩猩、黑猩猩和猩猩。但是这个词语更常用于描述与人类很近的灭绝物种，叫作更新纪灵长类动物的猿人，以及尼安德特人和弗洛雷斯“霍比特人”等灭绝了的人属人种。

混杂体

任何包含两种或两种以上不同动物特征的动物。喀迈拉、弥诺陶洛斯和鸡身蛇尾怪都是混杂体动物。

哺乳动物

具备可以保持体温恒定的毛皮并能为其幼仔提供乳汁等主要特征的动物。

有袋类动物

哺乳动物的一种，其新生儿为早产儿，并在母亲腹部的育儿袋里长大。如今，有袋类动物主要生活在大洋洲和南美洲，而以前这种动物分布更广。

美索不达米亚

位于现代伊拉克，是底格里斯河和幼发拉底河之间的一片肥沃土地，孕育了许多早期文明。

《一千零一夜》

最初在波斯语中被称为《天方夜谭》。

古生物学家

挖掘和研究化石与史前生物的专家。

蛇颈龙

源自恐龙时代的海中爬行动物，最显著的特点是身体庞大并有鳍状肢，而且脖子很长，头部很小。蛇颈龙大约在6500多万年以前灭绝，但它们是与许多描述中的海蛇和湖怪最匹配的动物。

灵长类动物

哺乳动物中的一种，主要特点包括相对大的头部和立体视觉（因为有一双向前直视的眼睛）。灵长类动物包括狐猴、猴子、类人猿和人。

翼龙

恐龙时代的爬行动物，长着蝙蝠一样的翅膀，翅膜延伸至变异的指骨。翼龙6500多万年前正式灭绝，但是一直都有目击会飞的爬行动物的报告。

爬行动物

皮肤光滑或长有鳞片且无毛的动物，而且是卵生非胎生的动物。

蜥脚类动物

一种巨大、四足、食草恐龙类动物，长着大象一样的身体，长颈且头部较小，尾巴很长。蜥脚类动物与据推测生活在非洲丛林中的各种巨型爬行动物很相近，但是这种动物在6500多万年以前已经灭绝。

火蜥蜴

两栖动物（既在水中又在陆地上生活的动物）中的一类，身体瘦小，皮肤潮湿，尾巴较长。在民间故事中，火蜥蜴与火有关。不过在近代，科学家认为这些动物可能是欧洲的塔佐蠕虫。

斯堪的纳维亚

包括丹麦、挪威和瑞典等国家的北欧地区。斯堪的纳维亚曾经是维京人的家乡，殖民者将斯堪的纳维亚文化传入了冰岛。

种

能够交配并产生“能生育”的后代（健康并且也能繁殖）的一类生物机体。种是动物、植物和其他生命形式分类的基本单位。物种通常被赋予一个拉丁化的“双名法”名称，第一部分是该物种所在的较高一级的属，例如，我们人类自身所在物种的拉丁名字就是*Homo sapiens*（智人）。

畸鸟

翼展超过8米的巨大食肉鸟类，它们几千年前生活在美洲。这种鸟是秃鹰的近亲，现存的巨大畸鸟是人们看到巨型雷鸟的最好解释。

UFO

英文“不明飞行物”的缩写，指天空中任何不明发光移动物体。虽然人们通常称UFO为“飞碟”，而且有人认为它们是造访地球的外星宇宙飞船，不过也有诸多其他的可能解释，如未知的大气怪物，以及“地光”等与地球本身有关的自然却未知的特性。

毒液

动物体内特殊腺体分泌的毒性化学物质，并通过刺或牙咬注入其他动物体内。食肉动物将毒液作为一种攻击武器，而非食肉动物将其作为自我保护的工具。